いい音で聴きたい
PCオーディオ&ハイレゾ入門

荘七音

Bunko!
今すぐ使える かんたん文庫

技術評論社

Contents 目次

第1章

基本編 最初に押えておきたいPCオーディオの基礎 11

001 PCオーディオとは？ …… 12
002 アナログとデジタルの違いは？ …… 14
003 そもそも音楽CDとは？ …… 16
004 リッピングとは？ …… 18
005 エラー訂正機能とは？ …… 20
006 音楽ファイルの形式にはどんなものがある？ …… 22
007 音質を決める要素は？ …… 24
008 ハイレゾとは？ …… 26
【コラム】DSDとPCMの違い …… 28

第2章

基本編

PCで音楽を聴くための基本 29

009 PCから音を出す仕組みは？ …… 30
010 PCで音楽を聴くために必要なものは？ …… 32
011 ピュアな音を実現する外部DAC …… 34
012 アナログ信号を音に変える外部スピーカーとアンプ …… 36
013 音への没入感を高めるヘッドフォン …… 38
014 ソフトの役割を知る …… 40
015 目的別でソフトを選ぶ …… 42
016 より音質にこだわって音楽を聴く …… 44
【コラム】ファイル形式はどれを選ぶ？ …… 46

第3章

iTunes編

定番の音楽管理ツールを使いこなす 47

017 iTunesとは？ …… 48
018 iTunesを導入する …… 50
019 リッピングの設定を変更する …… 52

020 リッピングを行う …… 54
021 曲名やアルバム名を編集する …… 56
022 ジャケット写真を付ける …… 58
023 プレイリストを作成する …… 60
024 プレイリストに曲を登録する …… 62
025 再生に関する設定を行う …… 64
026 iTunesで曲を再生する …… 66
027 さまざまな再生方法をマスターする …… 68
028 iTunes Storeとは? …… 70
029 iTunes Storeを利用する …… 72
030 iTunes Storeで曲を探す …… 74
031 iTunes Storeで曲を購入する …… 76
【コラム】違法コピーを撲滅したApple …… 78

第4章 MusicBeeを使う 79

MusicBee編

032 MusicBeeとは? …… 80
033 MusicBeeを導入する …… 82
034 リッピングの設定を行う …… 84

035 リッピングを行う……86
036 タグを編集する……88
037 ジャケット写真を付ける……90
038 プレイリストを作る……92
039 再生のための設定を行う……94
040 曲を再生する……96
【コラム】ファイル形式を追加する……98

第5章 ハイレゾ編 「ハイレゾ」を楽しむための基礎知識 99

041 ハイレゾの特徴とは?……100
042 ハイレゾはどのように生まれた?……102
043 ハイレゾ再生に必要な機器は?……104
044 ハイレゾ再生にはDACが必要……106
045 ハイレゾ再生に必要なソフトは?……108
046 ハイレゾの音楽ファイルを入手するには?……110
047 ハイレゾの音楽ファイルを購入する……112
【コラム】Apple Musicを利用する……114

第6章 PCで「ハイレゾ」を楽しもう

ハイレゾ編

PCで「ハイレゾ」を楽しもう 115

048 Windowsでハイレゾを再生する 116

049 音声の出力先を確認／変更する［Windows］ 118

050 MusicBeeでハイレゾを再生する［Windows］ 120

051 Macでハイレゾを再生する 122

052 ドライバーをインストールする［Mac］ 124

053 音声の出力先を確認／変更する［Mac］ 126

054 VOXを導入する［Mac（VOX）］ 128

055 曲を読み込んで再生する［Mac（VOX）］ 130

【コラム】 iTunesでいい音を聴く 132

第7章 DSDを楽しもう

ハイレゾ編

DSDを楽しもう 133

056 究極のハイレゾであるDSDとは？ 134

057 DSD対応のDACを用意する 136

058 ドライバーをインストールする……138
059 音声の出力先を確認／変更する……140
060 foobar2000を導入する……142
061 ASIOドライバーコンポーネントを導入する……144
062 DSDデコーダを導入する……146
063 ASIO出力の設定とDSD処理の設定を行う……148
064 出力モードと再生デバイスを設定する……150
065 DSDを再生する……152
【コラム】AudioGate 4でDSDを再生する……154

第8章 スマートフォンでいい音を聴こう 155

モバイル編

066 スマートフォンで高音質を楽しむには?……156
067 iTunes(Windows／Mac)からiPhoneへ音楽を転送する……158
068 iTunes(Windows／Mac)からAndroidへ音楽を転送する……160
069 MusicBee(Windows)からAndroidへ音楽を転送する……162
070 プレーヤーアプリを用意する……164
071 ハイレゾ対応のポタアン選びのポイント……166
072 機器を接続する［iPhone］……168

073 機器を接続する［Android］……170
074 ハイレゾ対応アプリを入手する［HF Player］……172
075 アプリをハイレゾ対応にする［HF Player］……174
076 ハイレゾを転送する［HF Player］……176
077 音楽を再生するための設定を行う［HF Player］……178
078 機器を接続して接続先を設定する［E5／HA-2］……180
079 ハイレゾを再生する［HF Player］……182
【コラム】そのほかの音楽プレーヤーアプリについて……184

第9章 ネットワーク編 ネットワークオーディオシステムを楽しもう 185

080 音楽をさまざまな機器で楽しむ……186
081 NASを設置する……188
082 ユーティリティソフトを導入する［NAS設置後の設定①］……190
083 NASの基本設定を行う［NAS設置後の設定②］……192
084 NASに音楽ファイルをコピーする［NAS設置後の設定③］……194
085 iTunesでNASの音楽を再生する……196
086 MusicBeeでNASを利用する……198
087 foobar2000でNASを利用する……200

088 MacでNASのハイレゾを再生する 202
【コラム】ワイヤレスでも高音質を 204

第10章 こだわりのオーディオ機器大全 205

機器購入編

089 DAC、アンプ選びのポイント 206
090 おすすめの定番DAC 208
091 おすすめの定番アンプ 210
092 おすすめの定番NAS 212
093 出力機器選びのポイント 214
094 おすすめの定番スピーカー 216
095 おすすめの定番ヘッドフォン 218
096 おすすめの定番イヤフォン 220
索引 222

◎免責

本書に記載された内容は、情報の提供のみを目的としています。したがって、本書を用いた運用は、必ずお客様自身の責任と判断によって行ってください。これらの情報の運用の結果について、技術評論社および著者、ソフトウェア／機材の提供者はいかなる責任も負いません。

ソフトウェア／ファームウェアに関する記述は、2016年3月現在での最新バージョンをもとに掲載しています。ソフトウェア／ファームウェアのバージョンアップにより、本書での説明とは機能や画面などが異なってしまうことがあります。また、価格や名称が変更されていたり、アプリそのものがなくなっている場合があります。あらかじめご了承下さい。

本書では、パソコンはWindows 10 Pro／OS X 10.11.3 El Capitan、10.10.2 Yosemiteで、スマートフォンはiOS 9.2.1／Android 4.3（ハイレゾ対応）での動作検証を行っています。

以上の注意事項をご承諾いただいた上で、本書をご利用願います。これらの注意事項をお読みいただかずに、お問い合わせいただいても、技術評論社および著者は対処しかねます。あらかじめ、ご承知おきください。

◎商標、登録商標について

本文中に記載されている会社名、アプリ名、製品名などは、それぞれの会社の商標、登録商標、商品名です。なお本文にTMマーク、®は明記しておりません。

第1章

[基本編]

最初に押えておきたいPCオーディオの基礎

001

PCオーディオとは？

KeyWord

音楽ファイル

音質

「PCオーディオ」とは何か？　それは**CD、レコード、カセットなどのメディア（媒体）に替わり、PCに保存した音楽ファイルを再生する仕組み**です。

PCオーディオの特徴は、CDなどのメディアにとらわれず、PCの空き容量が許す限りCD数百、数千枚分の音楽を保存できることです。しかも、大量の音楽から聴きたいものを瞬時に探し出して再生できます。さらにPCだけでなく、専用プレーヤーやスマートフォンに持ち出したり、別のPCで聴いたりと、時間や場所に縛られず、いつでも音楽を再生できる点も魅力です。

とはいえ、これまでは「しょせんお手軽なだけ」と、とくに音質にこだわる層に敬遠されがちでした。しかし、ソフトやハードの充実と「ハイレゾ」の登場により、**音質にこだわる環境が整いつつあります。**前述の利便性に加え、高級オーディオに迫るポテンシャルを秘めているのが、PCオーディオなのです。

ここに注目!

PCに保存した音楽ファイルを再生するシステム

▲これまで音楽を聴くために必要だったCD、MDなどのメディアは、PCオーディオでは不要に。PC1台で音楽を再生できます。

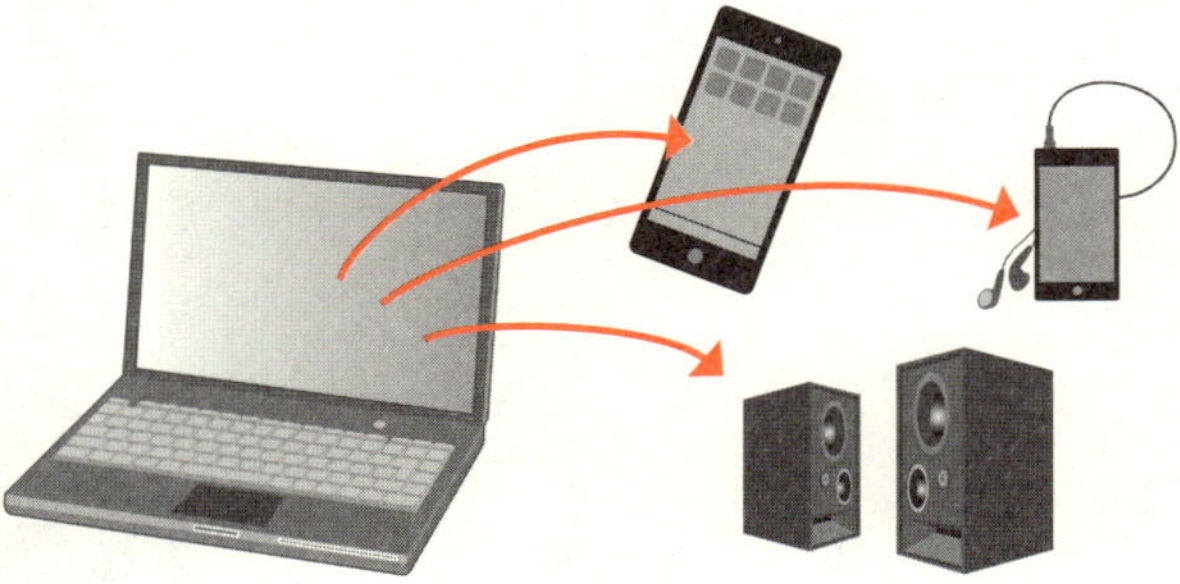

▲大量の音楽をPCに保存し、好きな曲を、好きなときに、好きな場所で楽しめます。高音質を追求できる周辺機器なども充実しています。

002

アナログとデジタルの違いは？

KeyWord

デジタル化

波形

　ＰＣオーディオを理解するために重要なキーワードが「アナログ」と「デジタル」です。**演奏された音を電気信号に変換して記録したものがアナログデータ**です。ＰＣオーディオではアナログデータをデジタル化したデータを扱います。デジタルデータを音として鳴らすには、デジタルをアナログに変換する過程が必要です。

　では、どのようにしてアナログの音をデジタル化し、音楽ＣＤやＰＣに保存するのでしょうか。**音のデジタル化とは、音の強弱を記録した「波形」をコンピューターで扱える数値に変換すること**を意味します。ただし、アナログの滑らかな波形は完全な形で再現することはできず、デジタル化することでざらついた波形になってしまいます。そのためアナログのほうが優れているように思えますが、音声信号の減衰やノイズが発生するアナログに比べ、そうしたことがほぼないデジタルは、音がクリアという意見もあり、一概に優劣を付けることはできません。

ここに注目! 違いは波形にあらわれ アナログは滑らか、デジタルはざらつく

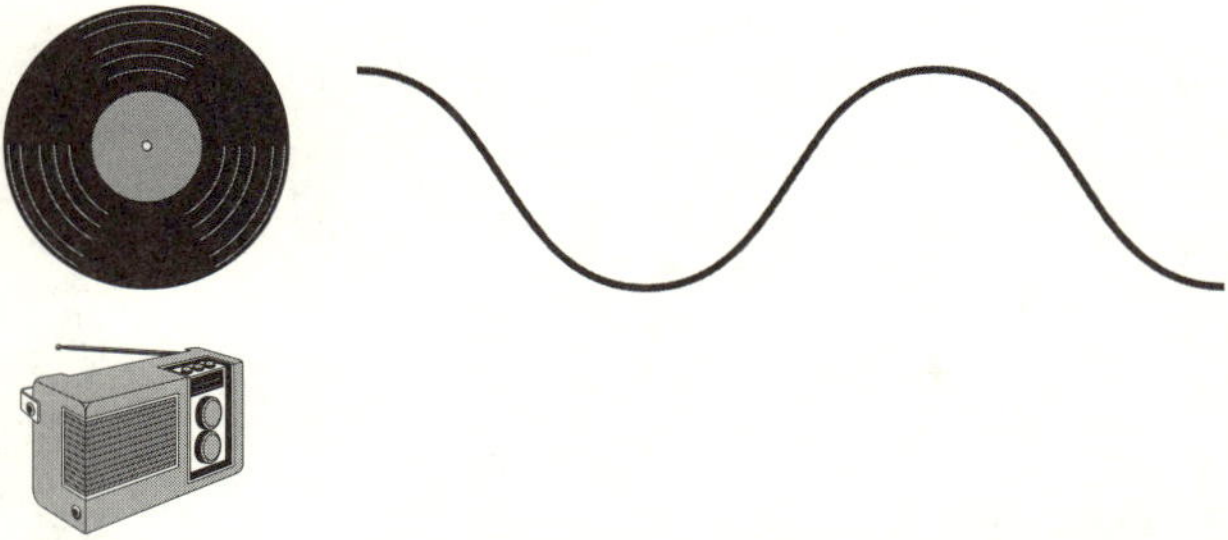

▲アナログの波形。波形は音により発生する振動とその大きさ（縦軸）、経過時間（横軸）をグラフ化したもので、曲線部は滑らかです。

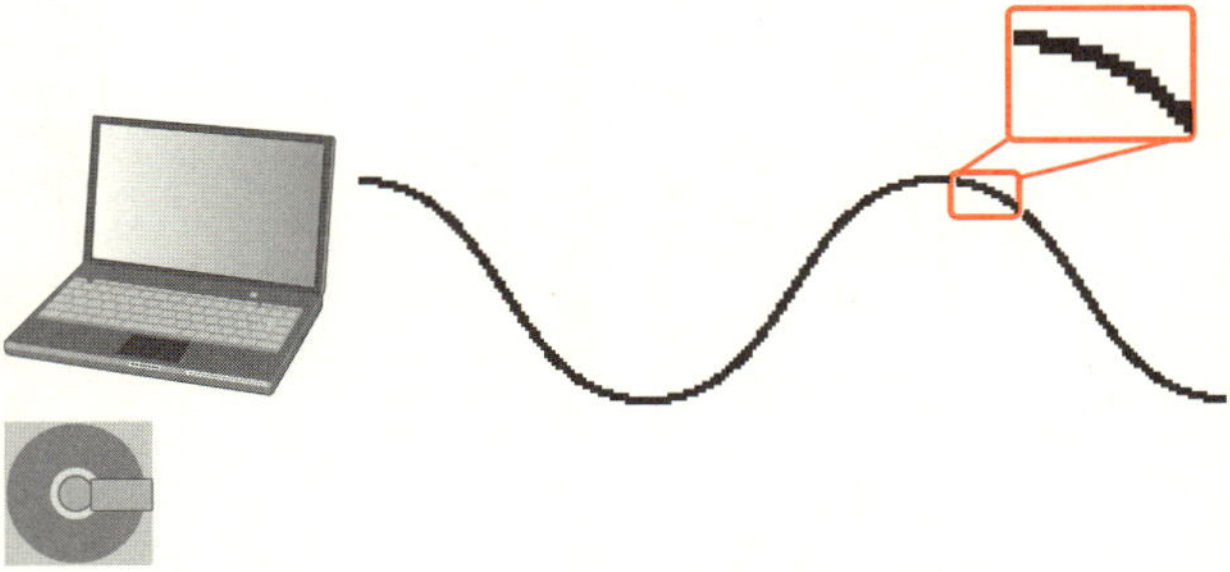

▲デジタル化した波形は滑らかでないため、場合によっては音の自然さや臨場感がアナログに比べて劣化してしまうことがあります。

003

そもそも音楽CDとは?

音楽のデジタル化を一気に推し進めた立役者が「音楽ＣＤ」です。音楽配信サービスが普及する以前は、音楽ＣＤが音楽販売の主流でした。

音楽ＣＤは**音楽データ専用のパッケージ**で、円盤状の光学メディアであるコンパクトディスク（ＣＤ）にレーザー光線を照射してデータを読み込みます。一般的なオーディオセットはもちろん、ＰＣの光学式ドライブにセットするだけで音楽が再生でき、選曲も容易です。ＰＣオーディオでは、収録された音楽データをＰＣに取り込むためのマスターデータとしての役割も担っています。

音楽CDの規格は、「CD-DA」と呼ばれ、収録される音楽データは決められた仕様に則っています。音楽ＣＤのデータを１００％の精度でＰＣに取り込むことが、ＰＣで高音質を楽しむための条件です。また、ＣＤ-ＤＡを超える音質を実現したものが「ハイレゾ音源」となります。

KeyWord

音楽データ

CD-DA

ここに注目! CD-DAの規格に則っている音楽データ専用のパッケージ

▲CD-DA(Compact Disc Digital Audio)の規格に則った音楽CDには、図のようなロゴマークが付いています。

収録可能時間	最大80分弱
収録可能曲数	最大99トラック
収録データ形式	リニアPCM
サンプリング周波数	44.1kHz
ビットレート	1411.2kbps
ビット数(ビット深度)	16ビット
周波数特性	20～20kHz
変調方式	EFM
エラー訂正	CIRC
チャンネル	2チャンネル ステレオ

▲音楽CDに収録される音楽データの仕様は、CD-DAによって定められています。各数値の意味を覚える必要はありませんが、高音質にこだわりたい場合は1つの目安にしましょう。上記仕様は、オレンジフォーラムのサイト(http://www.cds21solutions.org/osj/)を参考に作成しています。

004 リッピングとは？

音楽ＣＤはＰＣでそのまま再生できますが、そのつど音楽ＣＤを入れ替えなければならず、それではＰＣオーディオの「大量の音楽を蓄積できる」「さまざまなデバイスで再生できる」などのメリットを生かせません。

　これらのメリットを生かすには、**ＰＣの内蔵ディスクに音楽ＣＤのデジタルデータを取り込む「リッピング」**という作業が必要です。リッピングはレコードからカセットテープへ、音楽ＣＤからＭＤへダビングするようなものだと考えるとわかりやすいでしょう。ダビングが音楽の実再生時間と同じ時間がかかるのに対し、音楽ＣＤからＰＣへのリッピングはほんの数分で完了します。

　リッピングするには専用のソフトが必要です。また、取り込むファイル形式やリッピングソフトの設定は、音質や音楽ファイルの扱い方に直接影響します。自分の再生環境に合わせた、最適な設定を見つけましょう。

KeyWord

取り込み

専用ソフト

ここに注目! 音楽ファイルとしてPCに取り込むのがリッピング

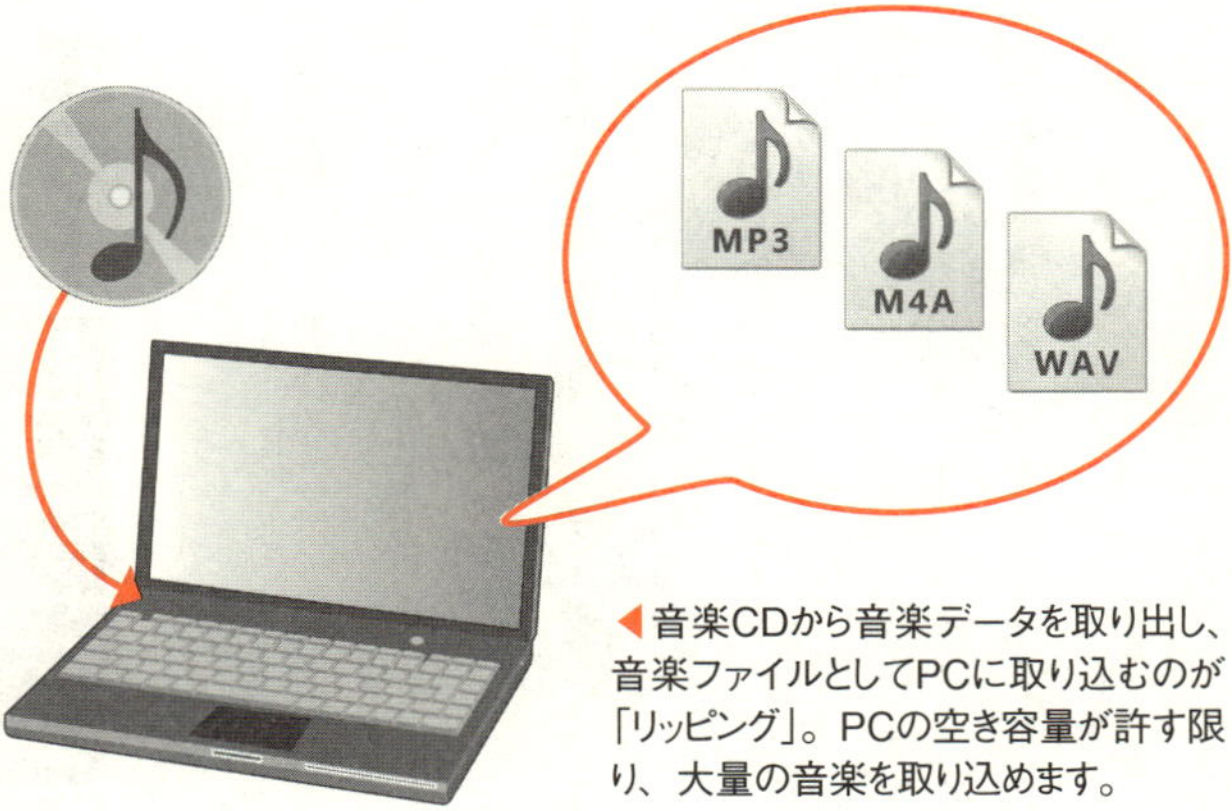

◀音楽CDから音楽データを取り出し、音楽ファイルとしてPCに取り込むのが「リッピング」。PCの空き容量が許す限り、大量の音楽を取り込めます。

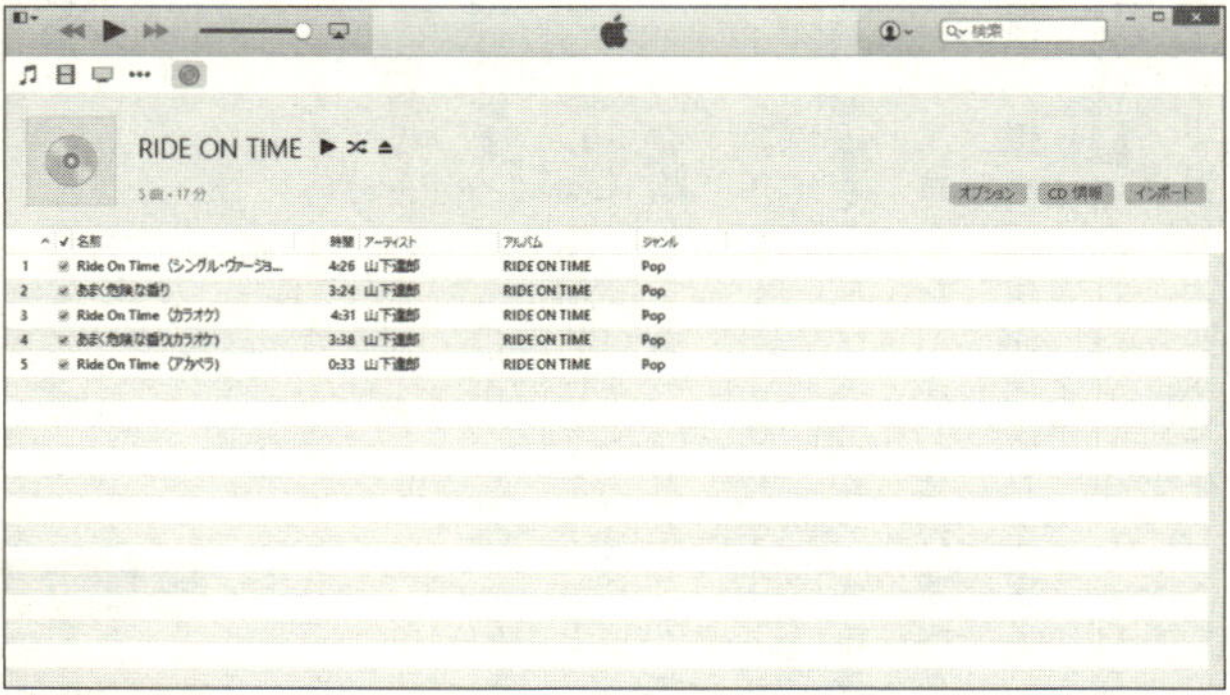

▲音楽再生ソフトの代表格「iTunes」には、音楽CDからのリッピング機能が備わっています。音楽CDをセットして数クリックで、音楽ファイルを取り込めます。

005

エラー訂正機能とは？

高品位の音楽ファイルを作るには、音楽ＣＤに記録されたデータを１００％の精度でＰＣに取り込む必要があります。ところが音楽ＣＤはその仕様上、データの読み込みエラーは避けられず、再生／リッピング中はかなりの頻度でエラーが発生しています。

ただし、エラーが再生やリッピングに悪影響を与えるわけではありません。なぜなら、**光学式ドライブやリッピングソフトに備わる「エラー訂正」の働きにより、これらのエラーの大半はリアルタイムで正しく訂正されるためです。**エラーには、深刻度によって、Ｃ１、Ｃ２、ＣＵという３つのレベルがあります。Ｃ１、Ｃ２エラーは発生しても、ほとんどのケースでデータは正しく訂正されます。ＣＵエラーは音楽ＣＤに大きな傷などがあると発生し、エラーを訂正しきれず、音飛びや最悪の場合再生が停止します。つまり通常の状態であれば、訂正しきれないほどのエラーは発生しません。

KeyWord
リッピング
読み込みエラー

ここに注目! 音楽CDはエラー訂正機能により正しく再生される

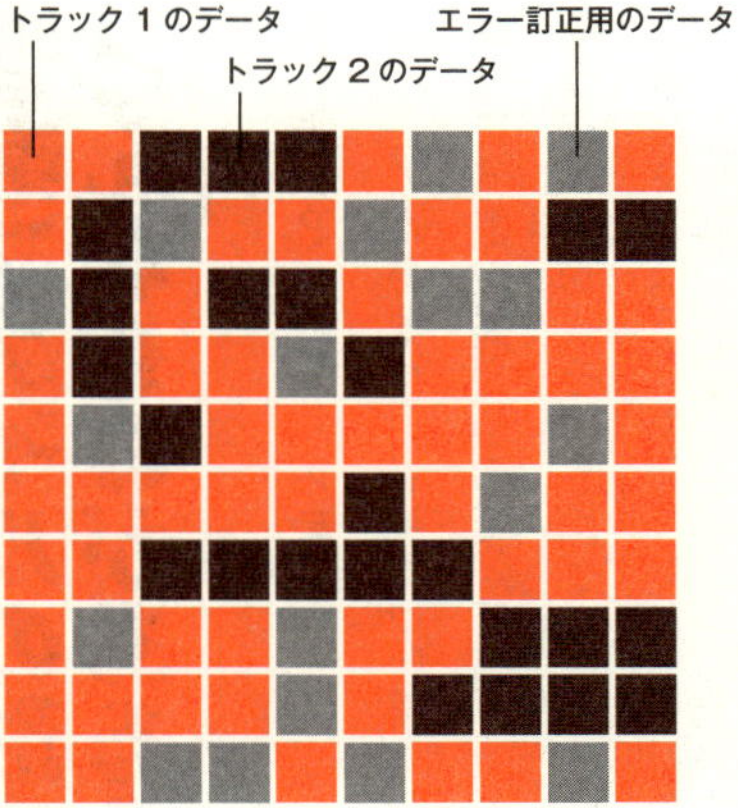

◀音楽CDデータ面のイメージ。図のように、データは曲(トラック)ごとに連続的に配置されているわけではなく不規則に配置されています。また、曲間の無音時間(リードイン／アウト)のデータ、エラーが発生したときに参照される「訂正データ」などもバラバラに配置されています。高速回転時にこうした複雑なデータを確実に読み込むための機能がエラー訂正です。

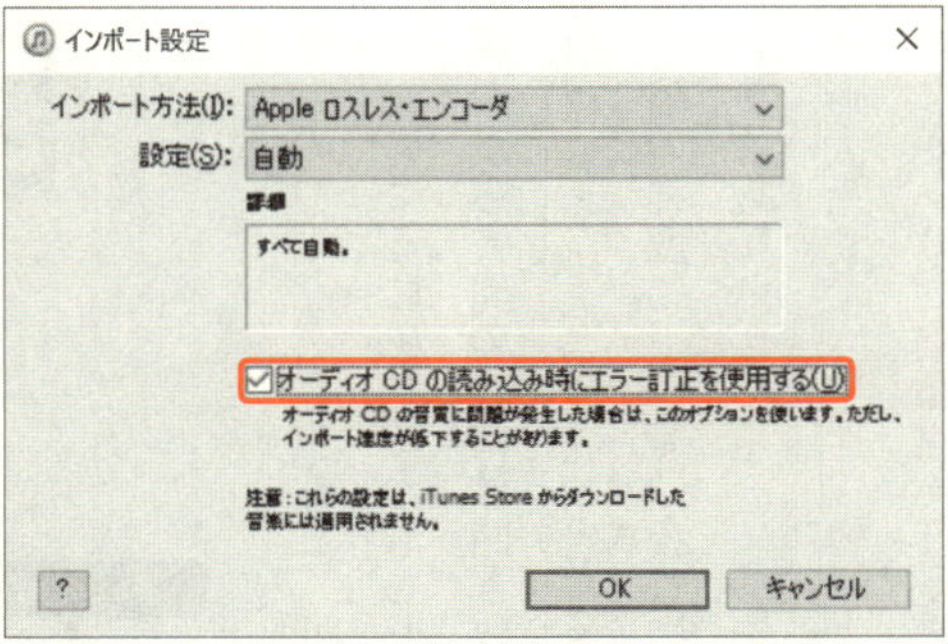

▲リッピングが可能なソフト「iTunes」にも音楽CD読み込み時のエラー訂正機能があります。音楽にノイズや音飛びなどが含まれる場合は、有効にして再度リッピングしましょう。

006

音楽ファイルの形式にはどんなものがある?

KeyWord

非圧縮

可逆圧縮

リッピングによりＰＣに取り込まれた音楽は「ファイル」になります。音楽ファイルは形式ごとに特徴が異なるので、可能であればそれぞれの形式を聴き比べて好みのものを選びましょう。なお、本書ではＦＬＡＣとＡｐｐｌｅロスレス（ＡＬＡＣ）を推奨します。

音楽ファイルの形式は、非圧縮と圧縮に大別されます。**「非圧縮」は音楽ＣＤの音源をそのままファイル化したものです。**「圧縮」は音源からデータをそぎ落としたものです。こう書くと、低音質のファイルのように感じるかもしれませんが、音源から人間の耳には聞き取りにくい領域の音を中心にカットしているため、圧縮の程度によっては音質にそれほど悪影響はありません。

圧縮形式にも、**「可逆圧縮」**と**「非可逆圧縮」**があり、**前者は「非圧縮」に比べてファイルサイズを抑えつつ、再生時には音源と同等の音質を再現できる**という特徴を持ちます。

ここに注目! 「非圧縮」と「圧縮」に大別されファイルごとに特徴を持つ

		ファイル形式	解説	拡張子
非圧縮形式		WAV	Windowsの標準ファイル形式。リッピングで利用する場合は、音源と同等の音質となる。ファイルサイズは5分程度の曲で約50MB。	.wav
		AIFF	Macの標準ファイル形式。特徴はWAV形式と同様。	.aif/.aiff/.aifc/.afc
圧縮形式	可逆圧縮	FLAC	「Free Lossless Audio Codec」の略で、音源から音質を劣化させず、なおかつファイルサイズを抑えられる点が特徴。「ハイレゾ」として配信される音楽の多くに採用されている。ファイルサイズは5分程度の曲で約40MB。	.flac/.fla
		Apple ロスレス	FLACと同様の特徴を持ち、略称として「ALAC」と表記される。ファイルサイズは5分程度の曲で約40MB。	.m4a/.mov
	非可逆圧縮	MP3	「MPEG-1 Audio Layer-3」の略。音源を最大10%ほどまで圧縮するため、PCで取り扱いしやすいのはもちろん、インターネット上でのやり取りなども容易。ファイルサイズは5分程度の曲で約5MB。	.mp3
		AAC	「Advanced Audio Coding」の略。MP3の後継形式で、多くの音楽配信サービスに採用されている。ファイルに違法コピー防止の仕組み（DRM）を施せる。ファイルサイズは5分程度の曲で約5MB。	.aac/.m4a/.mp4/.3gp など
		WMA	「Windows Media Audio」の略。再生ソフト「Windows Media Player」の標準ファイル形式。ファイルサイズは5分程度の曲で約5MB。	.wma
参考		DSF/DSDIFF	ダイレクトストリームデジタル（DSD）方式で録音された高音質ファイル形式。限りなくアナログに近い臨場感を保ったままデジタルデータ化できる点が特徴。Super Audio CDや一部音楽配信サービスで採用されている。	.dff/.dsf

▲音楽ファイルの形式

007

音質を決める要素は？

KeyWord

量子化ビット数

サンプリング周波数

音をデジタル化することはアナログの音の波形を数値化することであると、14ページで述べました。**デジタル化の精度を示す指標が、「量子化ビット数」と「サンプリング周波数」です。前者は波形の振幅の上下動をどれだけきめ細かく記録するか、後者は1秒間の波形の変化をどれだけ細分化して記録するかを示します。**どちらも値が大きいほど波形はより精細になり、アナログに近い滑らかさになるため、原音に忠実で臨場感の高い音になるといえます。

もう1つ、音質を測る指標となるのが、「ビットレート」です。**ビットレートは音楽ファイルの再生時の1秒当たりのデータ量を示す値**で、とくに圧縮形式の音楽ファイルでは、大きければそれだけ原音からの「間引き」の少ない音ということになります。

高音質を楽しむにはいずれの値も大きい音楽ファイルが理想ですが、ＰＣの再生環境などに留意する必要があります。

ここに注目! 量子化ビット数とサンプリング周波数が重要となる

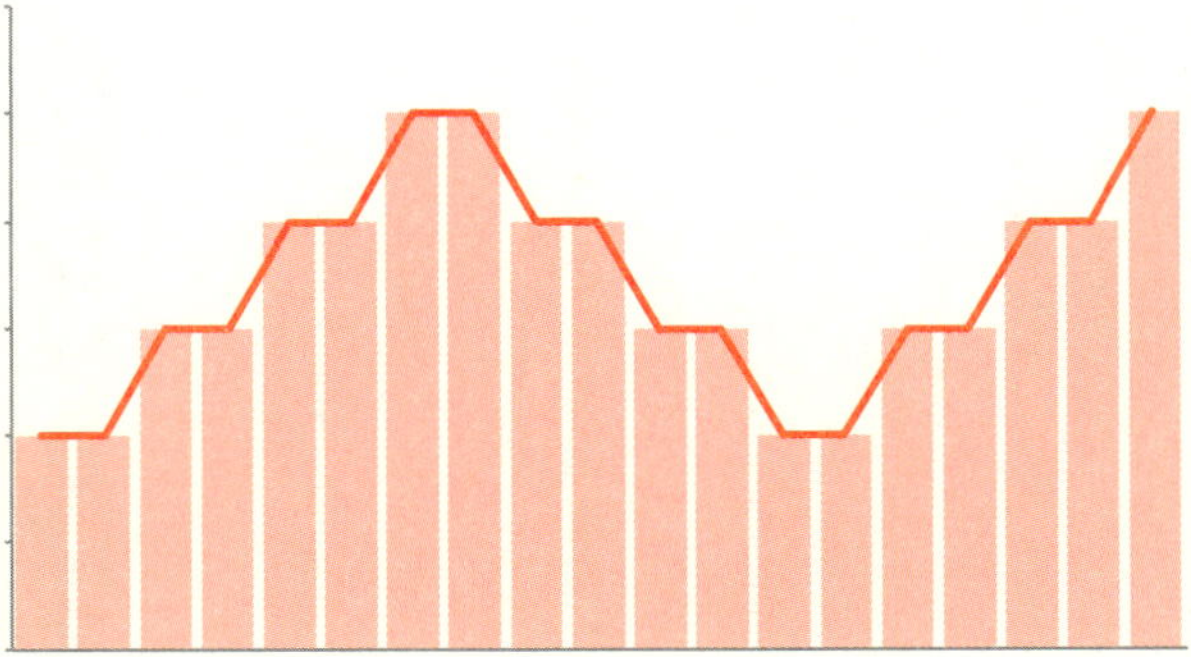

▲音をデジタルデータ化すると、原音の強弱が棒グラフとして記録されます。また、曲の経過時間（グラフ横軸）も記録されます。この棒グラフの各頂点をつないだものが「波形」で、「量子化ビット数」は縦軸の値の細かさ、「サンプリング周波数」は棒グラフの本数の多さをそれぞれ示します。

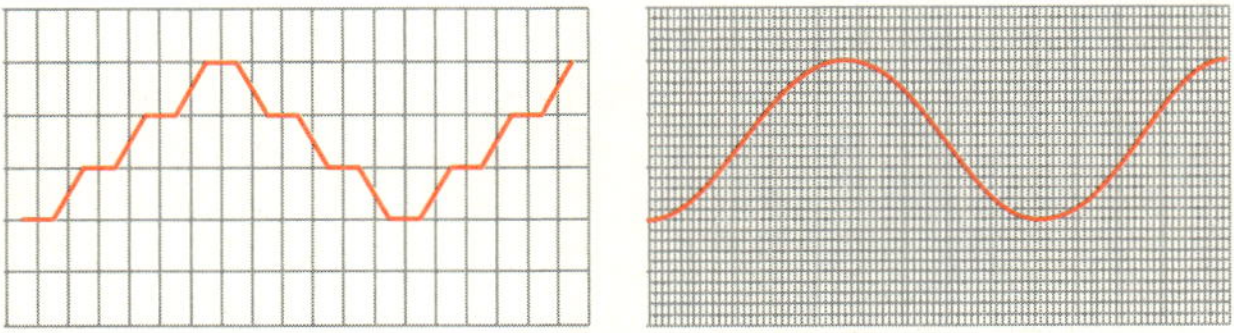

▲量子化ビット数とサンプリング周波数の値がともに小さい波形（左）と大きい波形（右）の比較。ともに値が大きければ波形はより滑らかに、小さければギザギザの目立つ波形になります。17ページで示したように、音楽CDは量子化ビット数が16ビット、サンプリング周波数が44.1kHzです。量子化ビット数が「16ビット」とは、音の強弱を2の16乗に細分化して記録すること、サンプリング周波数が「44.1kHz」とは、1秒間に44,100回波形の変化を記録することを意味しています。

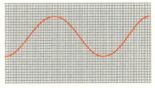

008

ハイレゾとは？

ＰＣオーディオの新たな流れとして注目されているのが、「ハイレゾ」です。

ハイレゾは**「ハイレゾリューション（高解像度）オーディオ」の略**で、大まかにいえば、**量子化ビット数が24ビット以上、サンプリング周波数48ｋＨｚ以上の音楽ファイルのこと**を指し、音楽ＣＤ（16ページ）よりも高品質の仕様です。ファイル形式には、ＦＬＡＣなどの可逆圧縮形式、ＷＡＶなどの非圧縮形式が採用されることが多く、ファイルサイズも大きくなります。また、ＰＣで再生する場合も、ハイレゾ対応の再生ソフトやＤＡＣ（32ページ）が必要になるなど、再生環境にも配慮する必要があります。

最近では、ＤＳＤという方式のハイレゾファイルも流通するようになっています。ＤＳＤは音楽ＣＤや従来のＰＣオーディオで扱うファイルとはまったく異なる形式のため、ハイレゾ対応と表記されている製品でも再生できない場合があり、注意が必要です。

KeyWord

WAV

FLAC

ここに注目! 音楽CD以上の仕様を持つ音楽ファイル

◀ハイレゾは音楽CD以上の高品質の仕様の音楽ファイル。ハイレゾを楽しむにはハイレゾの音楽ファイルを再生できる機器も必要で、対応機器には、ロゴマークが付いていることがあります。

	(一般的な) ハイレゾ	DSD
量子化ビット数	主に、24ビット以上	1ビット
サンプリング周波数	主に、48kHz以上	2.8MHz以上
ファイル形式	WAV FLAC	DSDIFF DSF
アナログからの変換方式	PCM	DSD

▲音楽CDや従来のPCオーディオで扱うファイルはPCMという方式でアナログ信号をデジタルに変換しています。DSDはまったく異なる方式のため、ハイレゾ対応と明記しているオーディオ機器でも再生できないものがあります。

Column

コラム 1

DSDとPCMの違い

音楽データには、録音形式の異なる「PCM」と「DSD」の2種類があります。PCMは音楽CDやMP3、AAC、ハイレゾと呼ばれるFLACなどで採用されている録音形式です。量子化ビット数を上げれば上げるほど、音の精細感が向上し、結果として高音質になる仕様で、現在のスタジオレコーディングにおいて主流の録音形式です。とくにFLACなどのハイレゾ音源では、量子化ビット数を24ビットや32ビットに上げることで、音楽CDを超える高音質を実現しています。

一方DSDは、量子化ビット数を「1」に固定することでサンプリング周波数を極端に上げられるようにした規格です。これにより、PCMをしのぐ高音質を実現しているといわれています。ただし、レコーディングにはDSD対応の専用機材が必要になること、PCMに比べてファイルサイズが大きくなることから、さらにDSD対応のUSB DACやポータブルヘッドフォンアンプ（ポタアン）がまだ高価ということもあり、普及はまだ先のことであると考えられています。

本書ではPCでのDSD再生についてのみ解説し、スマートフォンでのDSD再生についてはとくに解説しません。DSDについて詳しくは第7章を参照してください。

第2章

[基本編]

PCで音楽を聴くための基本

009

ＰＣから音を出す仕組みは？

KeyWord

API

DAC

ここでＰＣから音を出す仕組みについて確認しましょう。音楽ファイルのデジタルデータが、再生時にどのような経路を通るのかを理解すれば、よりよい音を聴くための対処がしやすくなります。

ソフトを使って音楽ファイルを再生すると、**そのデータはまずＯＳの「音声処理プログラム（ＡＰＩ）」に送られます。**ＡＰＩは、受け取ったデータを劣化させず、安定したかたちでハードウェアに届ける役割を担います。

ここからはＰＣのハードウェアの処理になります。**ＰＣ内部のサウンドカードに到達したデジタルデータは、「音」になるためにここでアナログ信号に変換されます。**これが「デジタル－アナログ変換（ＤＡＣ）」です。変換後のアナログ信号は、スピーカーやヘッドフォンを通じて「音」になります。このように、ＰＣオーディオでは、ＡＰＩとＤＡＣ、スピーカーやヘッドフォンを通して音が再生されるのです。

ここに注目!

API→DACでアナログ変換され、スピーカーやヘッドフォンに送られる

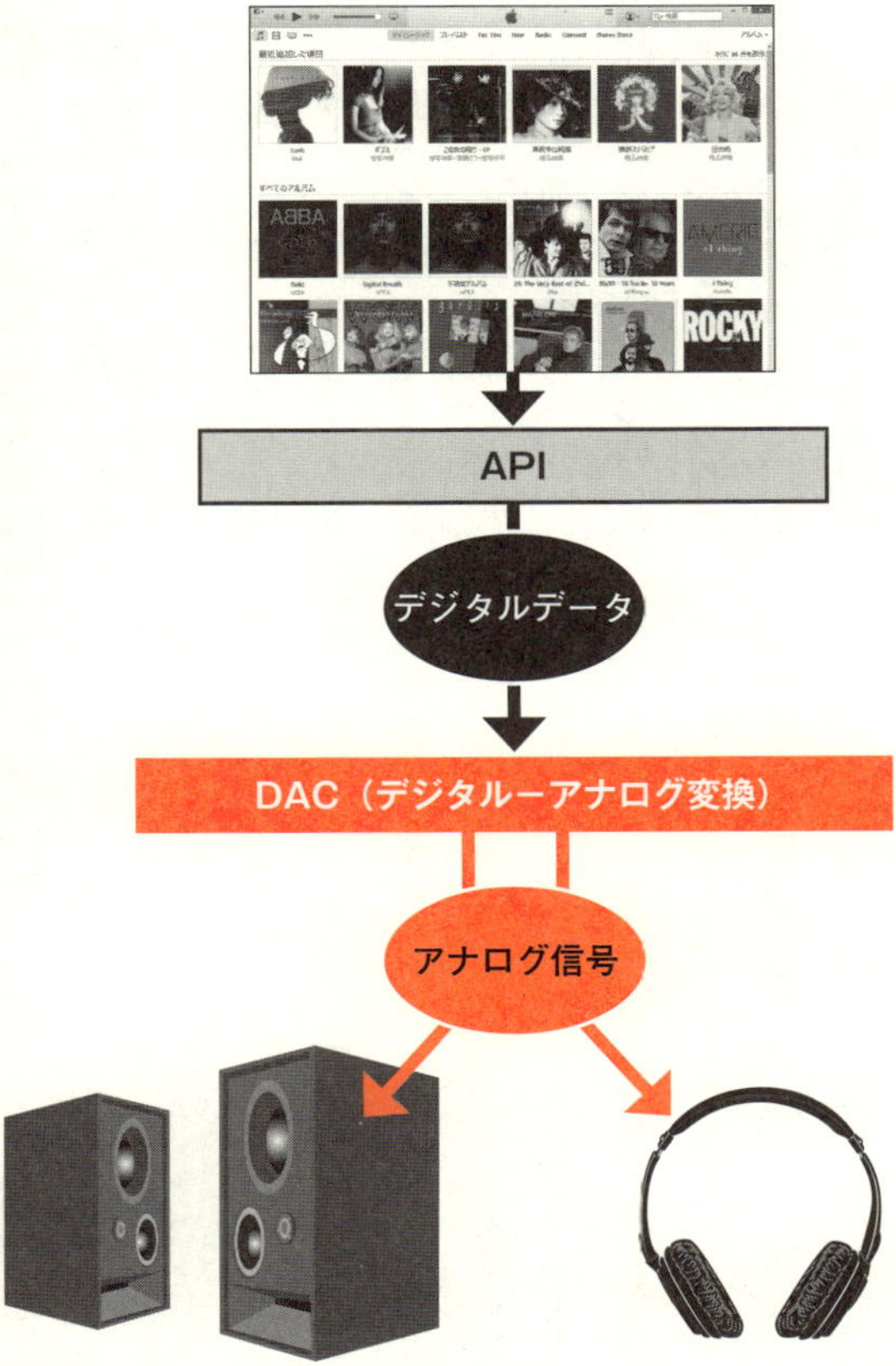

▲音楽ファイルが音になるまでの大まかなイメージ

010

ＰＣで音楽を聴くために必要なものは？

KeyWord

スピーカー

USB DAC

スピーカー内蔵のＰＣであれば、音楽ファイルと音楽ファイルの再生ソフトさえあれば、ＰＣ単体で音楽を聴くことができます。ソフトのインストール以外は、特別な設定の必要もありません。

ただＰＣの内蔵スピーカーの多くは、音楽を楽しむためというよりも、操作音や効果音などを鳴らすためのもので、あまり品質のよいものとはいえません。**少しでもよい音で再生したい場合は、別途スピーカーやヘッドフォン、イヤフォンなどを用意するとよいでしょう。**こうした外部出力機器はさまざまな種類の製品がありますが、たとえ安価であったとしても、内蔵スピーカーとは一線を画す高音質を楽しむことができるのでおすすめです。**さらに高音質を求めるのであれば、「USB DAC」や「アンプ」と呼ばれる機器を増設します。**

このように、目的や環境に応じて構成をアレンジできるのが、ＰＣオーディオの醍醐味です。

ここに注目! 音楽ファイル／再生ソフトのほかにスピーカーやDACがあればベスト

PC

音楽ファイル

外部スピーカー

ヘッドフォン

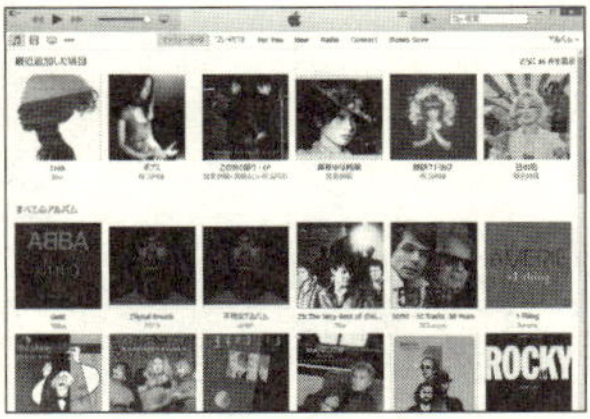

再生ソフト

USB DAC

▲PC、音楽ファイル、再生ソフトが揃っていれば、最低限の構成で音楽は楽しめます。よりよい音で音楽を再生する、ハイレゾの音楽ファイルを聴くといったステップアップを目指す場合は、別途スピーカーなどの出力機器、必要に応じてUSB DAC、アンプを追加します。

011 ピュアな音を実現する外部DAC

KeyWord
デジタルデータ
アナログ信号

すべてのPCには、デジタル-アナログコンバーター（DAC）が内蔵されています。しかし、音楽ファイルをPC内でアナログに変換すると、PC内部のノイズの影響を受けやすくなり、音質の劣化は避けられません。また、PC内蔵のDACは音楽再生に特化した設計ではないので、それほどの高音質は期待できません。そこで導入したいのが、外付けの「USB DAC」です。

USB DACはその名のとおりPCのUSBに接続する機器です。**PCから受け取ったデジタルデータを、USB DAC内の音楽専用DACでアナログ信号に変換するため、PC内部での処理に比べて音質劣化の心配もなく、高品位のアナログ信号になります。**また、PC内蔵DACでは処理できない高サンプリング周波数のデジタルデータに対応するUSB DACを導入すれば、「ハイレゾ」の音楽ファイルを再生することもできます（106ページ）。

ここに注目! デジタルデータをアナログ信号に変換を行う必需品

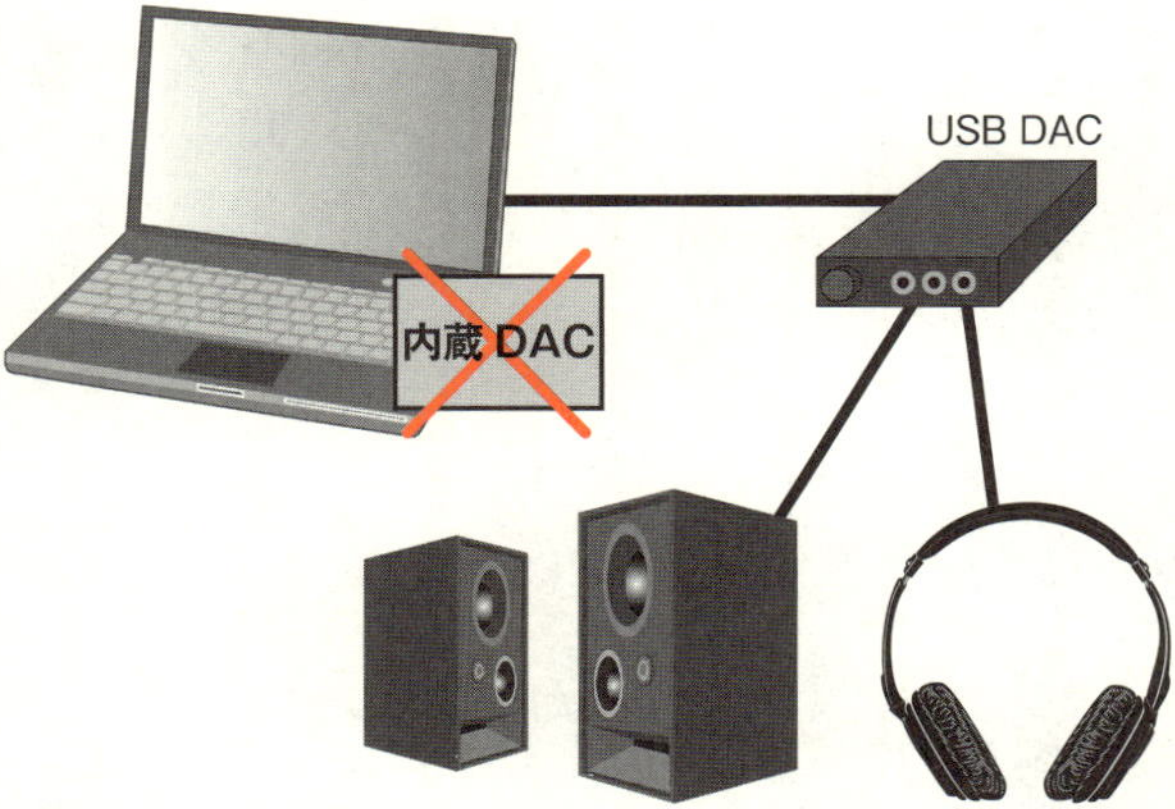

▲接続イメージ図。内蔵DACを使わずに、USB DACに音楽のデジタルデータを送ります。スピーカーはUSB DACに備わっていないので、別途アンプ内蔵スピーカーやヘッドフォンなどを接続します。

▲音楽に特化したUSB DACは高音質再生の必需品。写真はハイレゾにも対応した、DENONの「DA-300USB」です。なお、ハイレゾ再生に必要なDACのスペックや購入する際の注意点などについては、106ページで詳しく解説しています。

012

アナログ信号を音に変える外部スピーカーとアンプ

KeyWord
コイル
増幅

最終的に音を出力するという重要な役割を担うのがスピーカーです。**スピーカーはアナログ信号を「音」に変える機器で、内蔵されたコイルと磁石によって生じる振動を増幅して音が鳴ります。**

振動を発生させる部位を「ユニット」と呼びます。１つのユニットですべての音域を再生することは難しいので、一般的なスピーカーでは、低音用から高音用まで、複数のユニットを組み合わせて、広い音域を再生するようになっています。

アナログ信号を増幅してスピーカーに送る機器がアンプです。ＰＣ本体やＤＡＣから送出されたアナログの電気信号は、スピーカーのコイルを動かすには不十分です。**アンプはこの電気信号を増幅し、スピーカーを駆動させます。**スピーカーを本来の能力で駆動させるにはアンプが必要です。アンプは単体製品もありますが、スピーカーやＵＳＢ ＤＡＣに内蔵されているものもあります。

ここに注目! スピーカーは「音」に変換し アンプはアナログ信号を増幅する

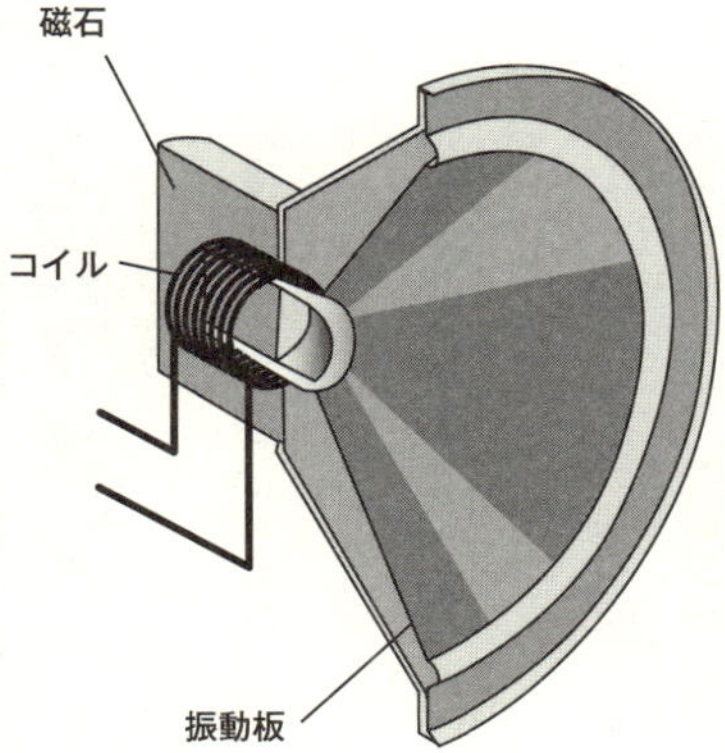

◀スピーカーユニットの構造。電気信号によってコイルの極性を変化させることでコイルが動き、連動する振動板を動かして音を鳴らします。

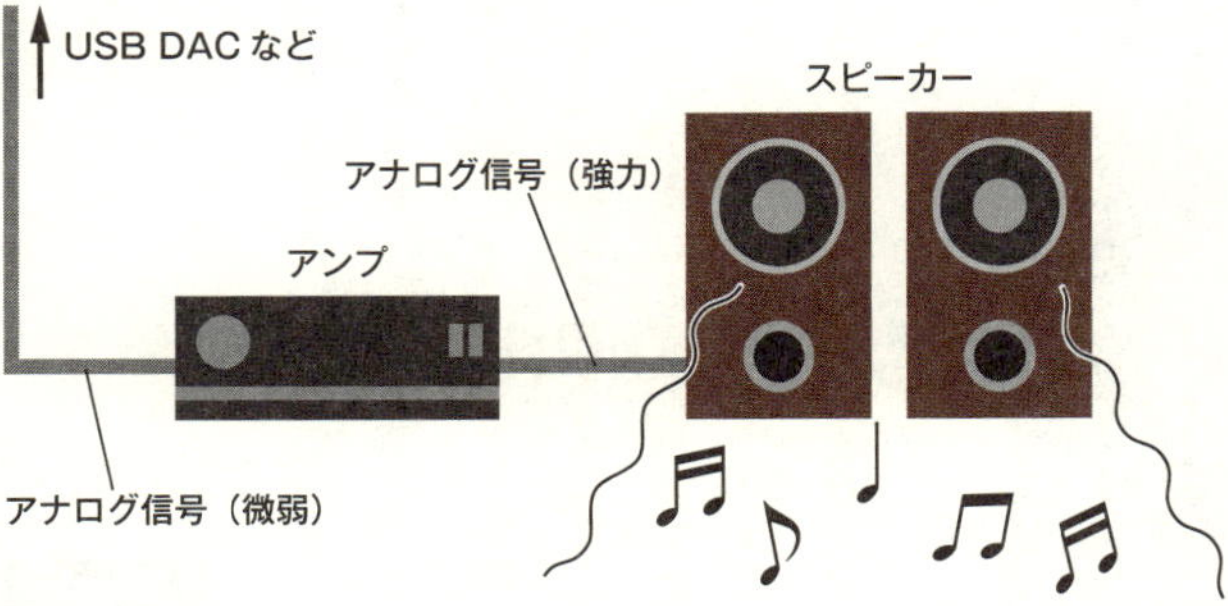

▲アナログの電気信号を振動に変換して音を発生させるのがスピーカーです。スピーカーを駆動させるために電気信号を増幅するのがアンプです。

013

音への没入感を高めるヘッドフォン

KeyWord
- コイル
- ユニット

スピーカーと同様に、音を出力するための機器がヘッドフォン（イヤフォン）です。耳に近い位置で音が鳴るため、音への没入感が高い点が特徴です。

ヘッドフォンやイヤフォンも、基本的な構造はスピーカーと同じで、**内蔵コイルの動きによって音が発生**します。音を発生させる部位のことを「ユニット」と呼びます。スピーカーとは違い、ユニットのサイズを大きくすることができないヘッドフォンでは、小径のユニットで効率的に音質を高めるためのさまざまな工夫が盛り込まれています。

より小型なイヤフォンの中には、ユニットを一般的な円形ではなく極小の箱形にして、それを複数搭載することにより、高音から低音までバランスよく出力できるタイプ（バランスドアーマチュア型）もあります。

いずれも耳に密着させて使用するものなので、製品選びの際には、音質はもちろん、装着感などもチェックしましょう。

ここに注目! 耳に密着させて使用するので装着感もチェック

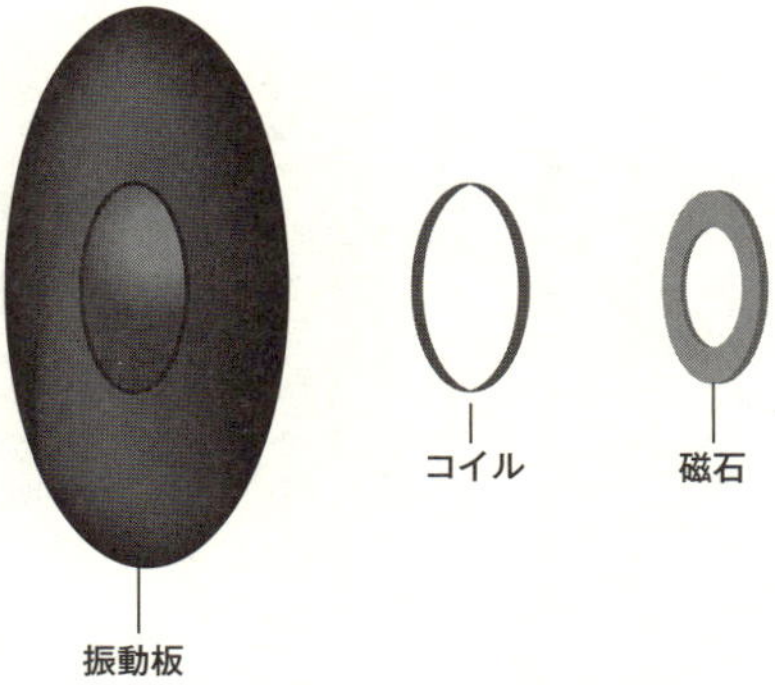

▲ヘッドフォンの構造も基本的にスピーカーと同じです。磁石の磁力によってコイルを振動させ、その振動が振動板に伝わることで空気振動が増幅し、音になります。

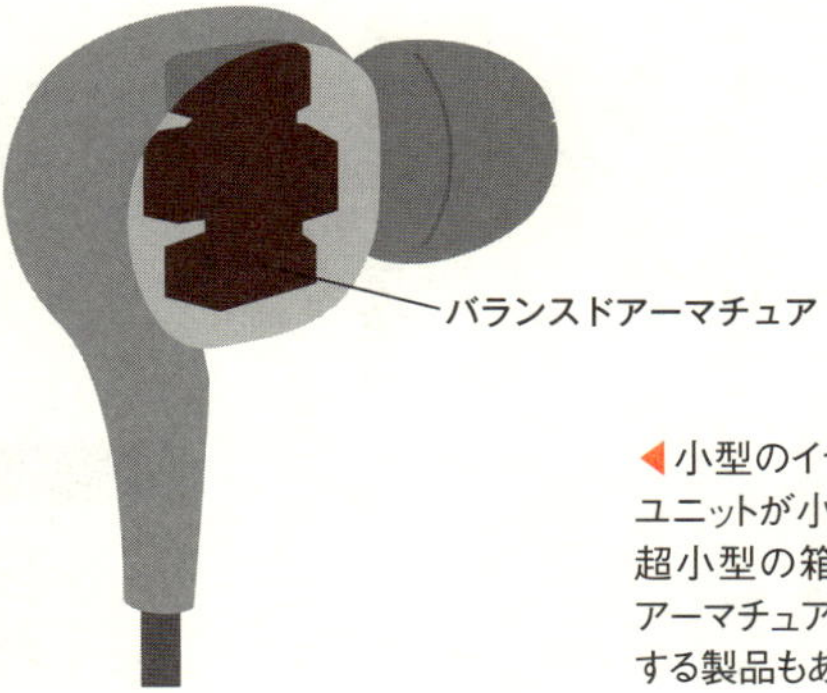

◀小型のイヤフォンでは、どうしてもユニットが小さくなってしまいますが、超小型の箱形ユニット（バランスドアーマチュア）を使って高音質を実現する製品もあります。

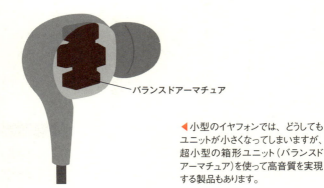

014 ソフトの役割を知る

PCオーディオを構成するハードウェアだけでなく、PCで音楽を再生するために欠かせないソフトについてもチェックしておきましょう。

ソフトの役割は、大きく**「リッピング」「管理」「再生」**に分けることができます。さらにハイレゾを再生するには**「ハイレゾ対応再生」**ソフトが必要になります。また、スマートフォンで音楽を聴く場合も**「再生」アプリ（プレーヤー）**が必要となり、PCの場合と同様に、ハイレゾを再生するには**「ハイレゾ対応再生」アプリ（プレーヤー）**が必要になります。

PCにおいては、1つのソフトで「リッピング」「管理」「再生」「ハイレゾ再生」に対応するものもありますが、**役割に応じてソフトを使い分ける**こともできます。

ソフトの役割を知り、利用しているPC／スマートフォンのOS環境を考慮して、目的に応じてソフトを選んでいくことが重要になります。

KeyWord

リッピング

ハイレゾ対応

ここに注目! 役割に応じてPC オーディオ用ソフトは使い分ける

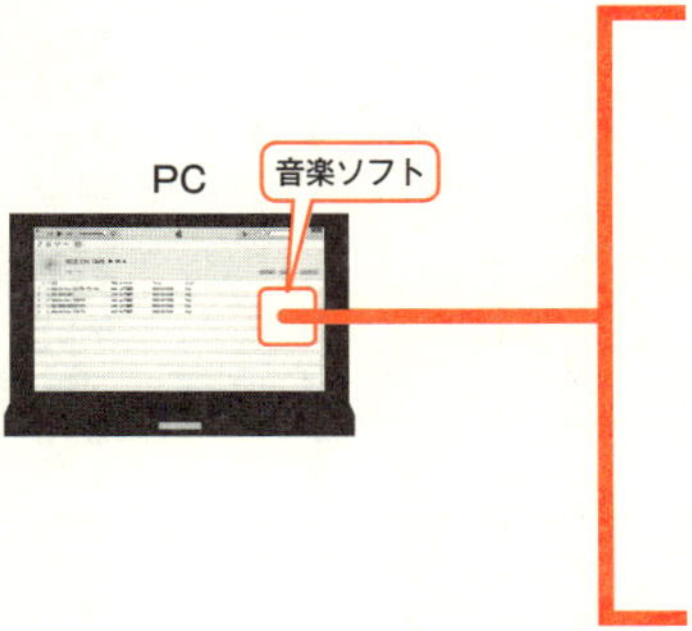

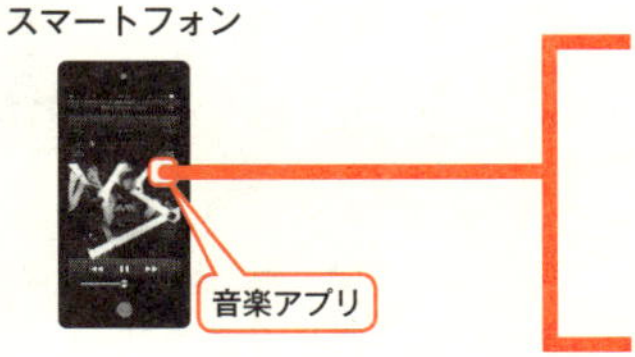

▲ソフト（アプリ）を役割に応じてうまく使いこなしていくには、まずは使っているOSに対応するものを選びます。たとえば、ハイレゾのファイルの種類によっては、Windowsで再生できてもMacでは再生できないといったケースもあるので注意が必要です。スマートフォンの場合も同様で、Android、iOSともに対応アプリは異なります。また、PC内の音楽をスマートフォンに移行したいといった場合は、別途、移行するためのソフトが必要な場合もあります。

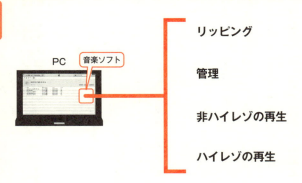

015

目的別でソフトを選ぶ

KeyWord

音楽CD

ハイレゾ

本書では、さまざまなソフトを紹介していますが、そのすべてを使う必要はありません。ソフトにはそれぞれ明確な役割があるので、その役割を見極めて、使用するソフトを選びましょう。

　左ページには、PCで聴く音楽のソースが「音楽CD」であるか、「ハイレゾ」であるかを最初に分類し、使っているOSからスタートできるチャートを用意しました。**YES／NO形式で設問に答えていくだけで、目的に適うソフトがわかります。**また、スマートフォンとの連携の際に必要となるソフトもフキダシで示しています。

　なお、iTunesでのハイレゾの再生は、一般的にPCMのハイレゾファイルとして流通しているFLACをALACに変換する手間が必要になります（132ページ）。したがって、本書では、PCMの再生は**WindowsではMusicBee、MacではVOX**の使用を推奨しています。

ここに注目! 目的によって使用するソフトを選ぶ

■音楽CDからの取り込みと再生

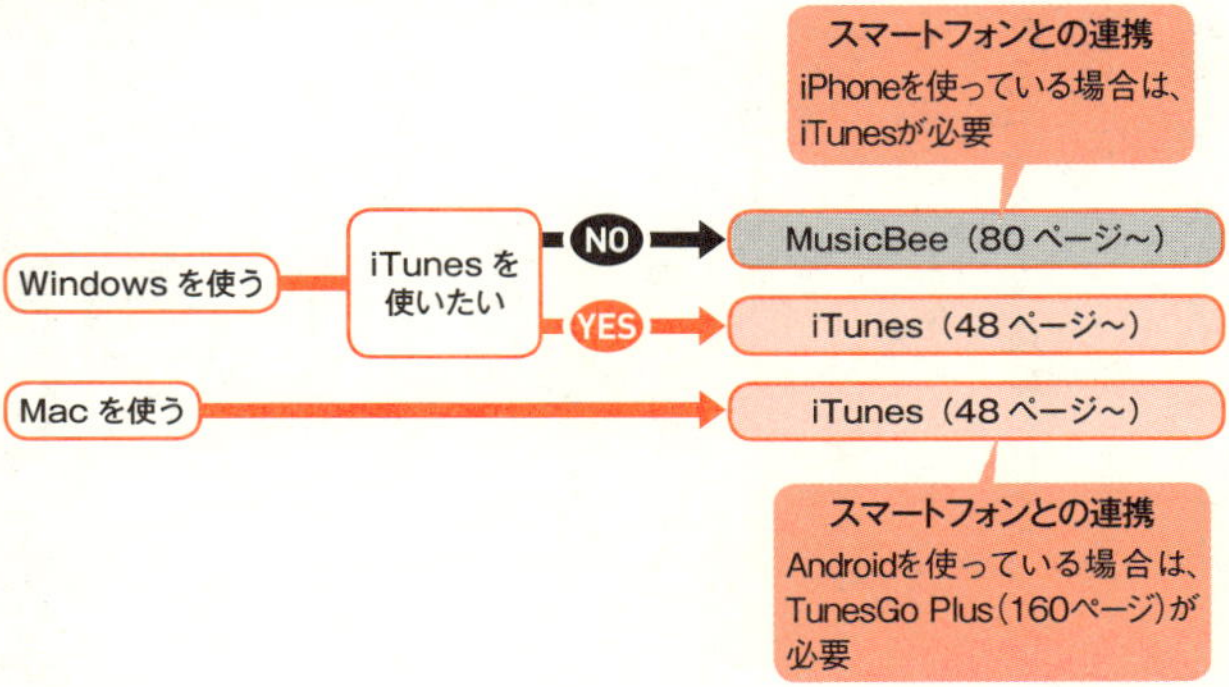

■ハイレゾ（PCM）の再生

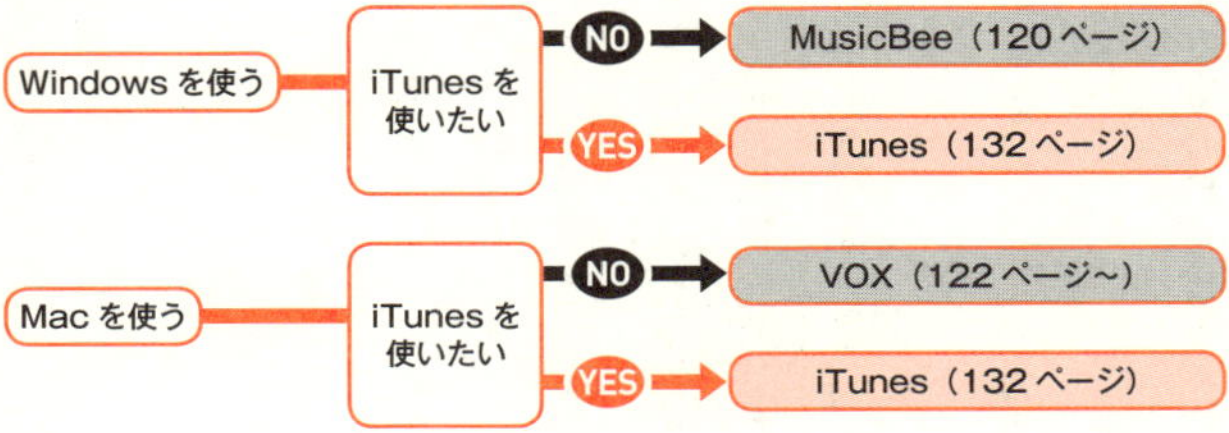

■ハイレゾ（DSD）の再生

016

より音質にこだわって音楽を聴く

いよいよＰＣで音楽を再生するためのシステムを解説します。といっても、最初はシンプルなもので十分です。左ページ上図のように、**ＰＣ本体に外付けのアンプ内蔵スピーカーを接続するだけで、ＰＣの内蔵スピーカーに比べてワンランク上の音楽再生システムになります。**

スピーカーは、ＰＣの「ヘッドフォン端子」と呼ばれるポートに接続します。なお、スピーカーによってはＰＣとＵＳＢケーブルで接続し、ＡＣアダプタが不要のタイプもありますが、十分な電力が供給されにくく、音量などの面で不利になるので、あまりおすすめできません。

さらに音質にこだわるのであれば、**ＰＣとアンプ内蔵スピーカーの間にＵＳＢ ＤＡＣを加えます。**デジタルからアナログ信号への変換がＵＳＢ ＤＡＣで行われ、ノイズのないクリアな音を楽しむことができます。アンプ内蔵型のＵＳＢ ＤＡＣならばアンプが内蔵されていないスピーカーも使えます。

KeyWord

スピーカー

USB DAC

ここに注目! アンプ内蔵スピーカーとUSB DACを導入する

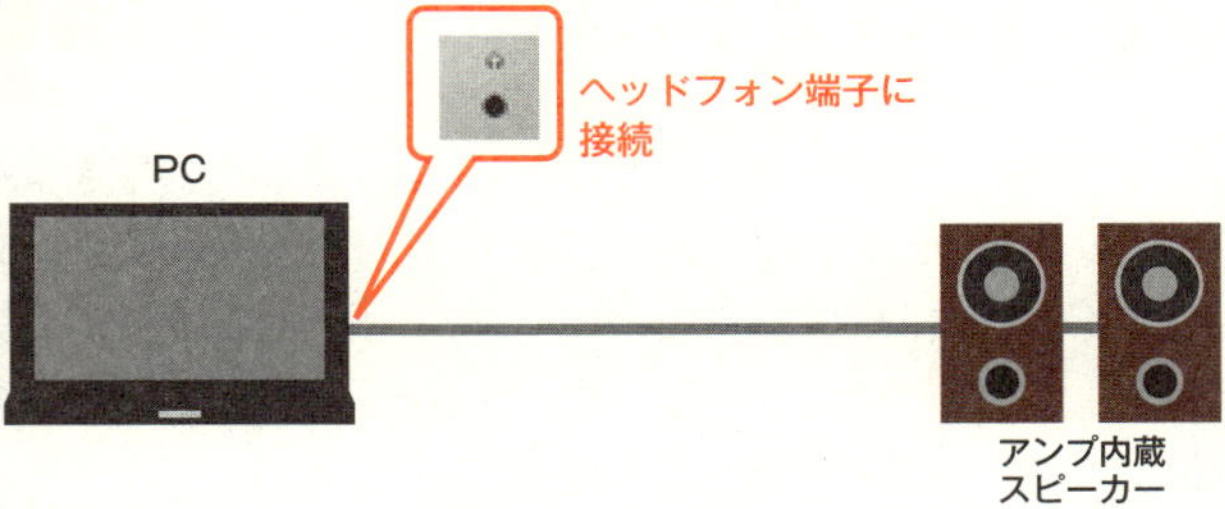

▲アンプ内蔵スピーカーをPC本体につなぐだけで、PCオーディオは楽しめます。PCとスピーカーをつなぐヘッドフォン端子がPCに備わっていることを確認しましょう。なお、ヘッドフォン端子とスピーカーとの接続用ケーブルは、スピーカーを購入した店舗にお尋ねください。

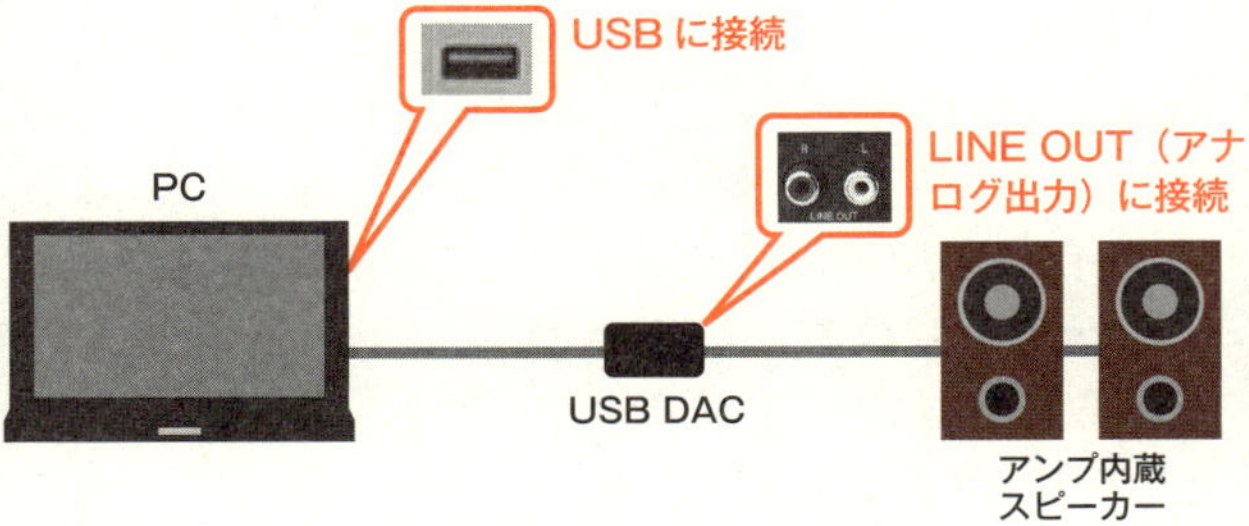

▲音質面での劇的な向上が見込めるのが、PC+USB DAC+アンプ内蔵スピーカーというシステムです。PCとUSB DACはUSBケーブルでつなぎ、USB DACとスピーカーはDACのLINE OUT（アナログ出力）端子かヘッドフォン端子につなぎます。なお、USB DACとスピーカーとの接続用ケーブルは、USB DACないしスピーカーを購入した店舗にお尋ねください。

Column

コラム
2

ファイル形式はどれを選ぶ?

「ファイルサイズが大きいほど音がいい?」という質問をよく受けますが、そう単純ではないのがPCオーディオです。非圧縮のWAVなどはたしかにサイズは大きくなりますが、実際に出力される音の「波形」を比べると、WAVと可逆圧縮のFLACでは形状が完全に一致します。そのため、PCオーディオではファイルサイズが小さく、曲名やジャケット写真などを格納できる可逆圧縮がベストということになります。

では、非可逆圧縮のMP3やAACは音が悪いのでしょうか。それも単純に結論付けることはできません。WAVとの波形比較では、AACの音も低域から中音域にかけてはそれほど大きな違いはありません。ただし、超低音や高音部に関してはさすがにデータをそぎ落とした代償は大きく、音源によっては高音部の音のゆがみや変質が目立つようになります。クラシックやライブ録音など、音域の広さを味わうような音源では非可逆圧縮は不利といえるでしょう。

それでも、音源によってはAACやMP3は十分に高音質で再生できるので、お手持ちの音源、さらにはPCの内蔵ディスクの空き容量などの兼ね合いを考慮し、何より実際に試聴してみた上で、自分に合う最適なファイル形式を選ぶのも、PCオーディオの楽しみ方の1つです。

第3章

［iTunes編］

定番の音楽管理ツールを使いこなす

017

iTunesとは?

KeyWord

リッピング

再生・編集・管理

PCオーディオを楽しむための必須ソフトが、Appleが公開している「iTunes」です。音楽CDからのリッピング、リッピングした音楽ファイルの再生はもちろん、曲名やアーティスト名の編集、プレイリストの管理、iPhoneやiPadへの音楽の転送など、**iTunesというソフト1本に、PCオーディオを楽しむためのあらゆる機能が備わっており、**多くのユーザーに愛用されています。

また、iTunesには音楽をダウンロード購入できるオンラインストア「iTunes Store」も統合され、好きなときに好きな音楽を手に入れて再生できます。

第3章では、このiTunesについて詳しく解説します。とくに、各種設定をチューニングして、より快適に、さらに高音質で音楽を再生できるテクニックを網羅しているので、使い慣れた人もぜひチェックしてください。

ここに注目! オーディオPCを実現する機能を網羅したオールインワンソフト

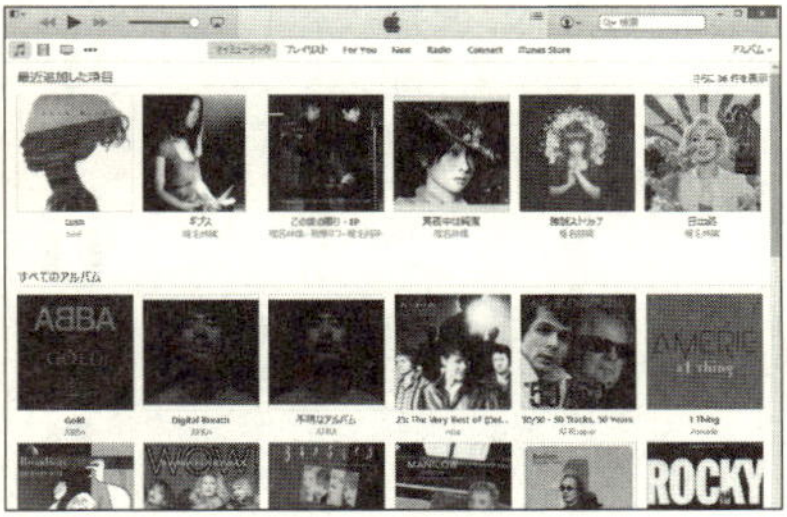

◀iTunesのメイン画面。音楽のジャケット写真が並ぶ、シンプルで使いやすいインターフェイスです。

◀ソフト内に統合された「iTunes Store」では、さまざまなジャンルの音楽を購入できます。音楽はアルバム単位、曲単位、どちらでも購入可能です。

▶iTunesの重要な役割の1つが、iPhoneなどの外部デバイスに音楽ファイルを転送して持ち出せることです。Androidスマートフォンも連携ソフトを使うことで対応できます(160ページ)。

018 iTunesを導入する

KeyWord

ダウンロード

インストーラー

　ｉＴｕｎｅｓは、ＡｐｐｌｅのＷｅｂページで無償配布されています。まずは**配布もとからインストーラーをダウンロードしましょう。**ダウンロード時にメールアドレスを登録しておくと、アップデートやｉＴｕｎｅｓ Ｓｔｏｒｅのプロモーション情報などを知らせるダイレクトメールを受信できます。なお、Ｍａｃには初めからｉＴｕｎｅｓがインストールされています。

インストーラーをダウンロードしたら、ダブルクリックして起動し、画面に表示される指示に従ってインストール（ＰＣへのソフトの組み込み）を行います。インストール中、通常は設定を変更する必要はありません。

　ｉＴｕｎｅｓをインストールできるのは、Ｗｉｎｄｏｗｓ ７以降のＯＳで、ＣＰＵが１ＧＨｚ以上、メモリが５１２ＭＢ以上、ハードディスクの空き容量が４００ＭＢ以上という条件を満たしたＰＣです。

ここに注目！ AppleのWebページからダウンロードし ウイザードに従って作業を進める

iTunes
ダウンロード
iTunes。
あなたを夢中にするもの、
すべてがここに。
お気に入りの音楽や映画を楽しみたい時、それらをきちんと整理しておきたい時、iTunesは最高の方法です。
次にお気に入りになるものも簡単に購入できます。Zane Lowe氏と、世界で高い評価を得ているDJたちのチームが
お届けするラジオステーション、Beats 1を聴くこともできます。iTunesで楽しめるすべてのエンターテインメントを、
あなたのMacやWindowsパソコン上でどうぞ。

▲AppleのiTunesダウンロードページ（http://www.apple.com/jp/itunes/）からインストーラーを入手します。使用しているOSが自動判別され、最適なインストーラーが提供されます。

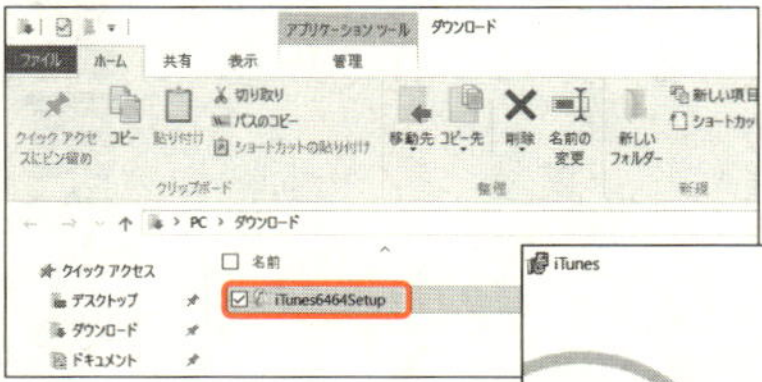
アプリケーション ツール
ダウンロード
ファイル
ホーム
共有
表示
管理
PC › ダウンロード
クイック アクセス
デスクトップ
ダウンロード
ドキュメント
名前
iTunes6464Setup

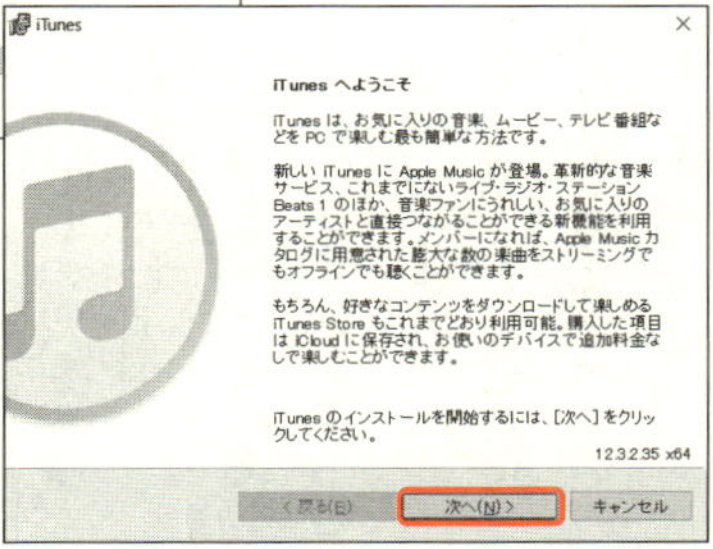
iTunes
iTunes へようこそ
iTunes は、お気に入りの音楽、ムービー、テレビ番組などを PC で楽しむ最も簡単な方法です。
新しい iTunes に Apple Music が登場。革新的な音楽サービス、これまでにないライブ・ラジオ・ステーション Beats 1 のほか、音楽ファンにうれしい、お気に入りのアーティストと直接つながることができる新機能を利用することができます。メンバーになれば、Apple Music カタログに用意された膨大な数の楽曲をストリーミングでもオフラインでも聴くことができます。
もちろん、好きなコンテンツをダウンロードして楽しめる iTunes Store もこれまでどおり利用可能。購入した項目は iCloud に保存され、お使いのデバイスで追加料金なしで楽しむことができます。
iTunes のインストールを開始するには、[次へ] をクリックしてください。
12.3.2.35 x64
< 戻る(B)
次へ(N) >
キャンセル

▲▶ダウンロードしたインストーラーをダブルクリックすると、インストールウィザードが起動します。そのまま手順を進めると、インストールが完了します。

019

リッピングの設定を変更する

KeyWord
ファイル形式
ビットレート

ｉＴｕｎｅｓをインストールしたので、いよいよ手持ちの音楽ＣＤをリッピング……といきたいところですが、その前にリッピングの設定を確認しておきましょう。

ｉＴｕｎｅｓの初期設定では、ファイル形式が「ＡＡＣ」、ビットレートが「２５６ｋｂｐｓ」の音楽ファイルに設定されています。このままでもとくに問題はありませんが、音質にこだわるなら、**さらに高いビットレートにするか、ファイル形式を「Appleロスレス」などの可逆圧縮のものに変えておきます。**

ただし、高音質設定ではファイルサイズも大きくなるので、ＰＣの空き容量などとの兼ね合いも考慮しましょう。

ＭＰ３やＡＡＣでリッピングする場合、「可変ビットレート」を設定することができます。可変ビットレートは、音楽の情報量に応じて、データ量を変化させます。逆にデータ量を変化させないのが固定ビットレートです。

ここに注目! インストールした後、インポート設定を行う

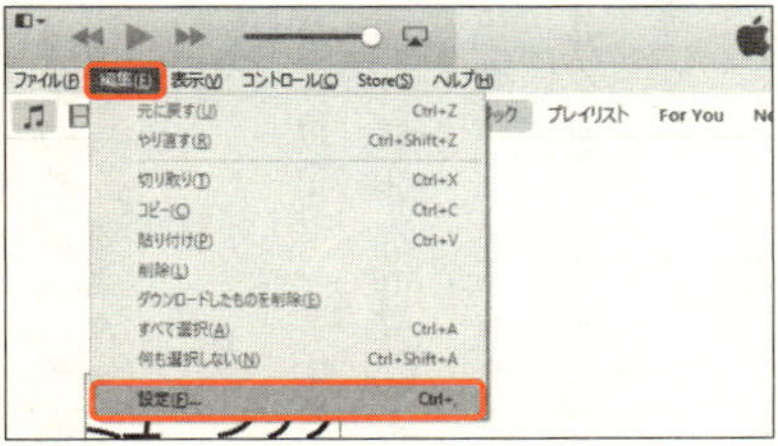

◀ Altキーを押してメニューを表示し、「編集」→「設定」(Macでは「iTunes」→「環境設定」)をクリックします。

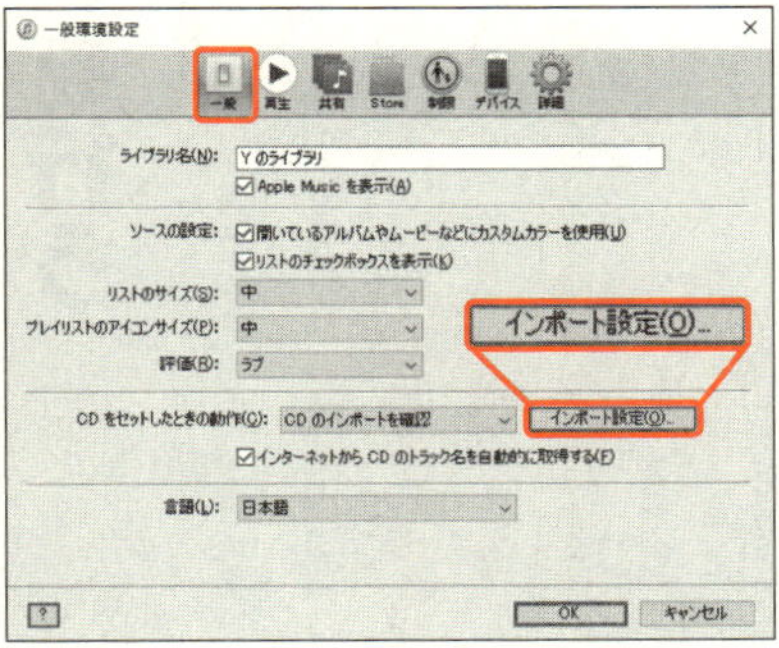

◀「一般」をクリックして、「インポート設定」(Macでは「読み込み設定」)をクリックします。

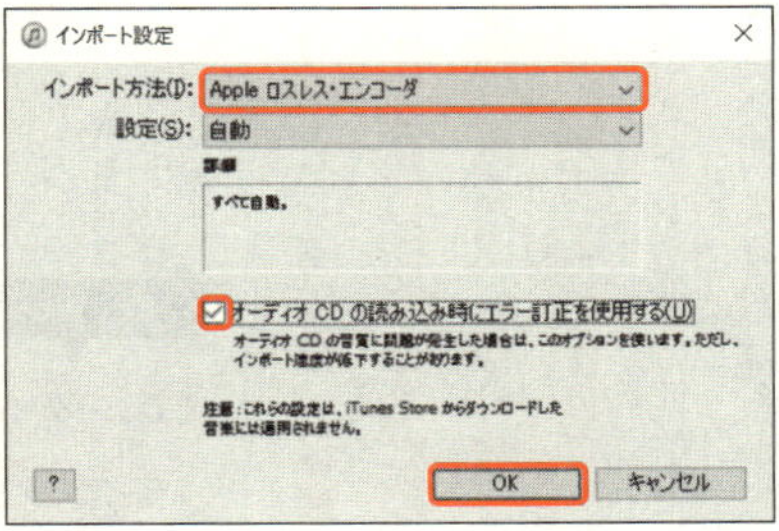

◀「インポート方法」で「Appleロスレス・エンコーダ」を選択し、「オーディオCDの読み込み時にエラー訂正を使用する」にチェックを入れ、「OK」をクリックします。

020

リッピングを行う

KeyWord

CDデータベース

ライブラリ

ＰＣに音楽ＣＤをセットすると、通常はｉＴｕｎｅｓが自動的に起動します。起動しない場合は、ｉＴｕｎｅｓのアイコンをダブルクリックするなどして、手動で起動します。

ｉＴｕｎｅｓでは、音楽ＣＤをセットした際にインターネット上の音楽ＣＤデータベース（ＣＤＤＢ）に問い合わせを行い、曲名やアーティスト名、アルバム名などを自動取得して、収録された曲を一覧表示します。

ｉＴｕｎｅｓのリッピングでは、**音楽CD内の曲をまるごとPCに取り込むことができることはもちろん、一部の曲だけを取り込むといったこともできます。**

リッピングは光学式ドライブの性能にもよりますが、再生時間よりもはるかに短時間で完了します。取り込んだ曲は、ｉＴｕｎｅｓの「ライブラリ」に保管されます。ライブラリは、ｉＴｕｎｅｓで取り込んだすべての音楽をまとめた「倉庫」のようなものと考えてください。

ここに注目! 音楽CDをセットするだけで、かんたんに取り込める

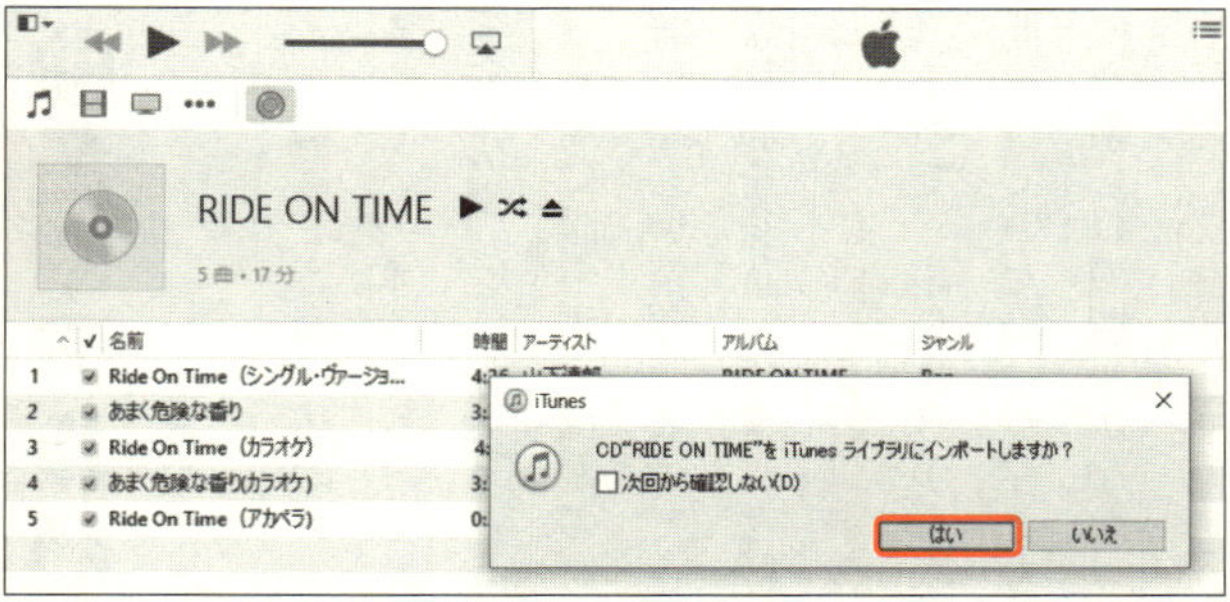

▲iTunesを起動して、パソコンのドライブに音楽CDをセットすると、図のようなメッセージが表示されるので、「はい」をクリックします。

▲音楽CDから曲が読み込まれます。曲名やアーティスト名、アルバム名などは、インターネットから自動的に取得されます。チェックの有無によって取り込む曲を選択できます。

021

曲名やアルバム名を編集する

KeyWord

タグ

曲のプロパティ

音楽ファイルには、音楽自体のデータに加え、曲名やアーティスト名、アルバム名などの文字情報が含まれているため、iTunesに限らず、ほかのソフトでも再生時に正しい情報を表示できます。この文字情報を総称して**タグ**と呼びます。**iTunesにはタグの編集機能が備わっている**ので、CDDBから取得した情報が間違っていた場合や、そもそもCDDBに音楽CDの情報がなかった場合でも、**ユーザーの手で情報を修正／追加できます。**

タグを編集するには、目的の曲を右クリックすると表示されるメニューから曲のプロパティを表示します。**曲のプロパティでは、前述の情報に加え、曲のジャンルや作曲者名、さらに読みがなも設定**できます。タグの情報量が多いほど、曲の検索や分類などが容易になるので、必要に応じて設定するようにしましょう。なお、曲の検索はiTunesのウィンドウ右上のボックスを使います。

ここに注目! 曲のプロパティからタグの編集を行う

◀アルバムをクリックすると、リッピングした曲が表示されます。曲名を右クリックして、メニューから「プロパティ」(Macでは「情報を見る」)をクリックします。

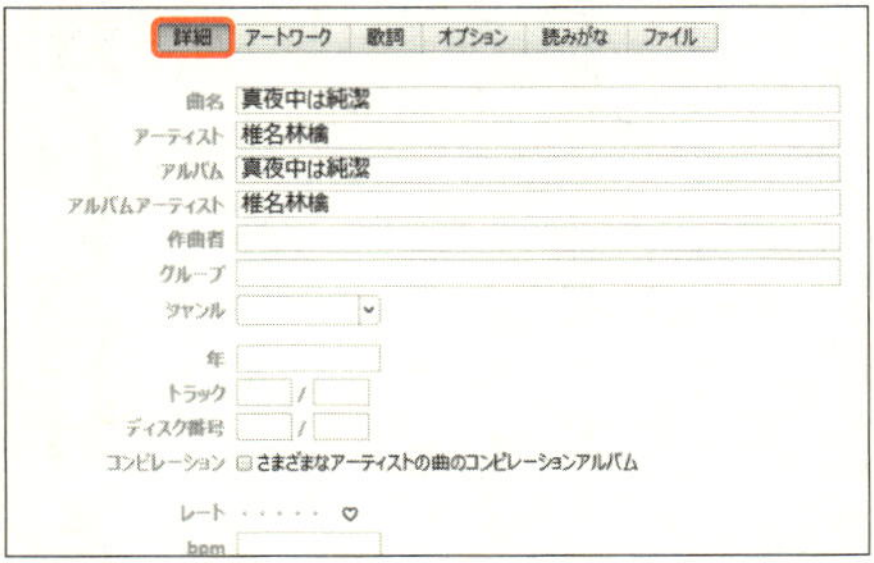

◀曲のプロパティが表示されるので、「詳細」パネルで曲名などを入力/修正できます。

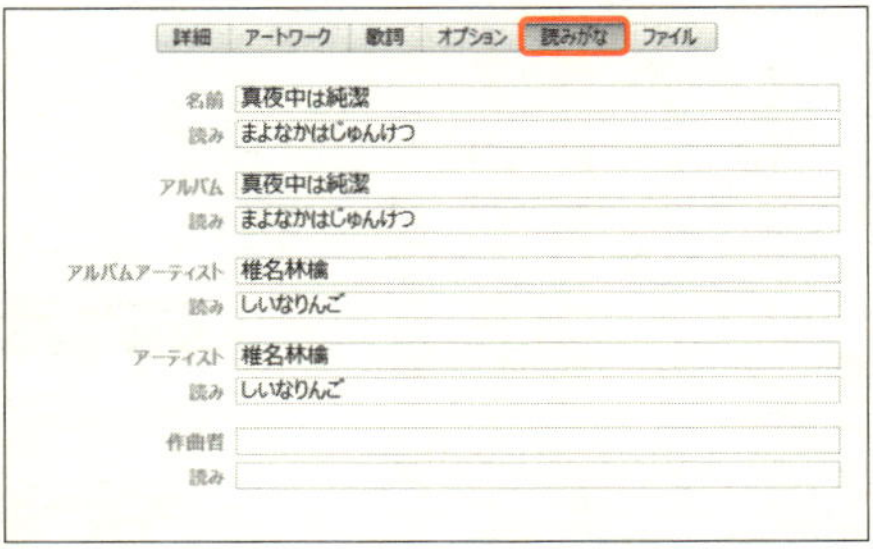

◀「読みがな」パネルでは、曲名やアーティスト名などの「読み」を設定できます。

022

ジャケット写真を付ける

KeyWord

アートワーク

Apple ID

音楽CDのパッケージには、アーティストの肖像やイメージカットなどのジャケット写真（アートワーク）が付きものですが、残念ながらリッピングした曲には付いていません。iTunesの初期設定ではアルバム単位で曲が表示されますが、ジャケット写真がないと華やかさに欠ける上、アルバムの見分けも付きづらいものです。そのような理由から、iTunesに取り込んだ曲には、できるだけジャケット写真を付けることをお勧めします。

ジャケット写真を付けるには、ジャケット写真の画像を曲のプロパティのアートワークにドラッグ&ドロップします。 左ページでは、1枚のアルバム内の曲すべてにまとめて設定しています。

また、**Apple IDでサインイン**（73ページ）していれば、「ファイル」メニューから「ライブラリ」→「アルバムアートワークの入手」をクリックして、ジャケット写真を自動設定できます。

ここに注目! アートワークに写真をドラッグ&ドロップする

◀アルバムを右クリックすると表示されるメニューから「プロパティ」(Macでは「情報を見る」)をクリックします。この操作のあとで複数の項目の情報を編集してもよいかどうか聞かれた場合は、「項目を編集」をクリックします。

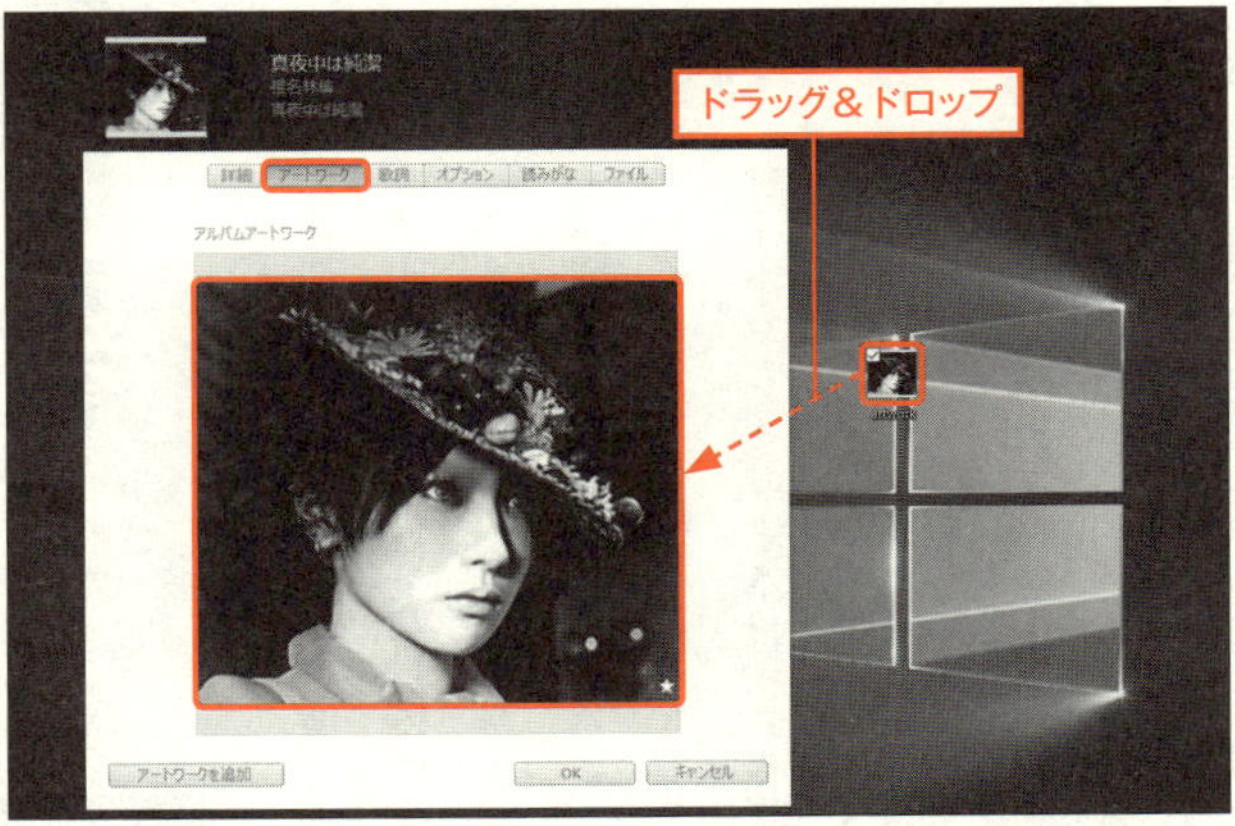

▲アルバム内のすべての曲の情報を一括編集できる画面が表示されます。「アートワーク」をクリックして、画面にジャケット写真の画像(BMP、JPEG、PNGなど)をドラッグ&ドロップします。なお、ジャケット写真の画像は適宜インターネットなどから入手してください。

023

プレイリストを作成する

かつてのカセットテープやＭＤのように、**お気に入りの曲**だけをまとめてヘビーローテーションするといったことは、ＰＣオーディオでも可能です。しかもダビングの時間もかからず、**ドラッグ&ドロップであっという間に自分だけの「ベスト盤」を作ることができます。**それを実現するのが**プレイリスト**です。

ｉＴｕｎｅｓでプレイリストを作るには、左ページのように操作します。プレイリストは曲の「入れもの」で、ＰＣにおけるファイルの保存場所である「フォルダー」と同じような役割です。曲はプレイリスト単位で再生できます。

通常のプレイリストのほか、**スマートプレイリスト**を作ることもできます。スマートプレイリストは、「再生回数が10回以上」「『冬』というフレーズを曲名に含む」など、条件に合致する曲を自動的にまとめられる特殊なプレイリストです。通常のプレイリストとともに、曲の整理や分類に活用しましょう。

KeyWord

お気に入りの曲

スマートプレイリスト

ここに注目!

「新規プレイリスト」をクリックし名前を付けて登録する

◀画面上の「プレイリスト」をクリックし、左下の「＋」をクリックして、「新規プレイリスト」をクリックします（スマートプレイリストもここから作成できます）。

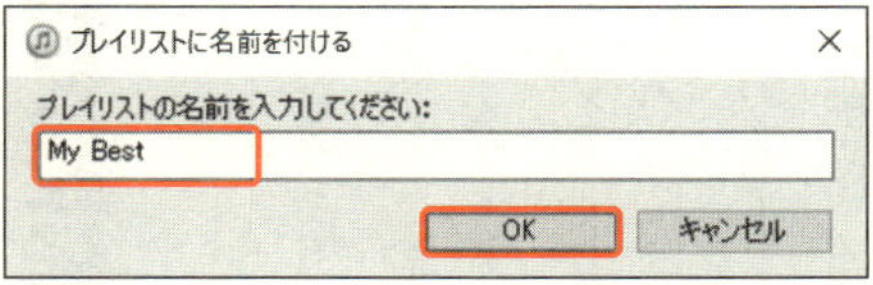

◀プレイリストの名前を入力し、「OK」をクリックします。プレイリストに曲を登録する方法は次ページを参照してください。

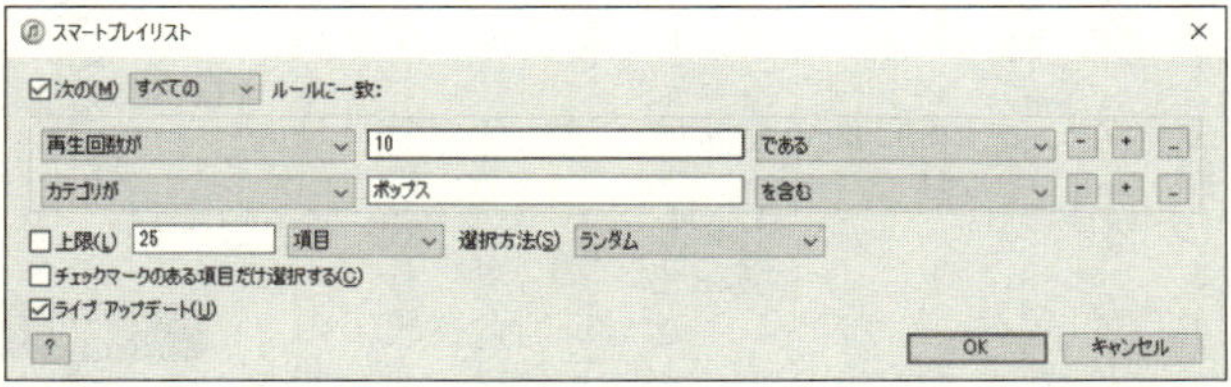

▲一番上の画面で、画面左下の「＋」をクリックして、「新規スマートプレイリスト」を選択すると、このスマートプレイリスト画面が表示されます。曲を自動的にまとめる条件を複数指定できます。

024

プレイリストに曲を登録する

KeyWord

ドラッグ&ドロップ

ショートカット

プレイリストを作ったら、さっそく曲を入れて好きな曲をまとめましょう。**画面左端のリストの中にある目的のプレイリストに加えたい曲をドラッグ&ドロップするだけです。**また、曲を右クリックすると表示されるメニューからプレイリストに入れることもできます。

プレイリストに入れられるのは、実際には曲の「ショートカット」のようなもので、音楽ファイルそのものではありません。そのため、プレイリストを削除した場合でも、プレイリスト内の曲はiTunesのライブラリに残ります。

スマートプレイリストの場合は、条件に合う曲が自動的にまとめられるので、とくに操作する必要はありません。

プレイリスト、スマートプレイリストを削除するには、画面左端のプレイリスト一覧で目的のプレイリストを右クリックすると表示されるメニューで「削除」をクリックするか、プレイリストを選択して Backspace キーを押します。

ここに注目！ ドラッグ＆ドロップで曲をプレイリストに入れる

▲画面上の「プレイリスト」をクリックすると、左にプレイリスト一覧が表示されます。61ページで作成した「My Best」のプレイリストも表示されるので、この「My Best」に好みの曲をドラッグ&ドロップします。

▲プレイリストをクリックすると中身が表示され、曲が入っていることが確認できます。

025

再生に関する設定を行う

KeyWord

API

WASAPI

iTunesで曲を再生する前に、再生に関する設定項目をチェックしておきましょう。

基本的に初期設定の状態でも問題ありませんが、Windowsの場合、できれば**再生に使用するAPI（30ページ）を「Windows Audio Session」に変更しておく**ことをおすすめします。これは「WASAPI」と略称で表記されることもあるAPIで、既定の「DirectSound」よりも新しいので、曲再生時のPCへの負荷が少なく、環境によっては音質が向上することもあります。また、コントロールパネルの「サウンド」の設定を変更した場合（118ページ）、「オーディオ再生のビットレート」「オーディオ再生のB/SMPL」は設定を合わせておきます。

また、同じ画面にクロスフェード再生やサウンドチェックを有効にする設定項目も用意されているので、好みに応じて設定しておきましょう。

ここに注目! 再生用APIを変更する

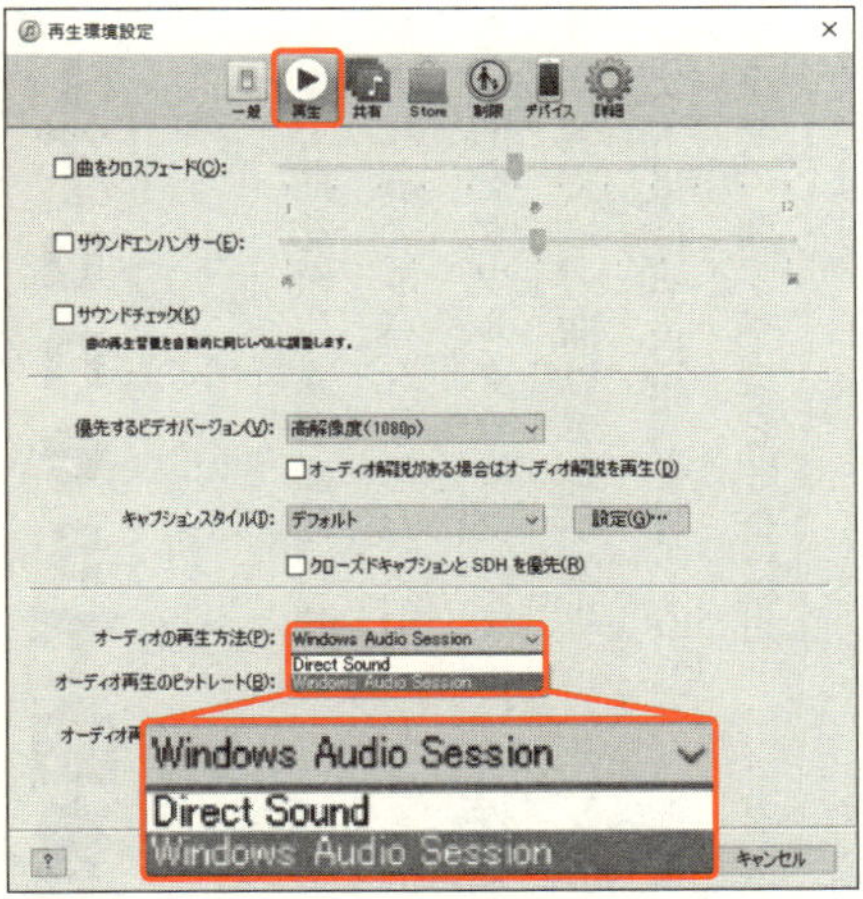

◀iTunesの環境設定(53ページ)で「再生」をクリックすると表示される画面です。「オーディオの再生方法」で「Windows Audio Session」を選択しておきましょう。なお、Mac版にはこの項目はありません。そのほかの設定項目については、下表を参照してください。

設定項目	内容
曲をクロスフェード	チェックを入れると、曲の連続再生時にクロスフェードが適用される。クロスフェードは前の曲が徐々にフェードアウトしながら、次の曲がフェードインしてくる演出効果で、スライダーでフェードアウト/インの間隔を調整できる。
サウンドエンハンサー	チェックを入れるとサウンドエンハンサーが有効になる。サウンドエンハンサーは擬似的に音の臨場感を増幅させる特殊効果で、スライダーで効果の適用量を調整できる。
サウンドチェック	チェックを入れると、ライブラリ内の曲の再生音量がある程度揃えられる。Mac版では「音量を自動調整」という項目名になっている。

▲再生パネルで設定できるそのほかの項目

026

iTunesで曲を再生する

KeyWord

コントローラー

ミニプレーヤー

iTunesで曲を再生するには、聴きたい曲が含まれるアルバムなどのソースを選択して、曲をダブルクリックします。iTunesでは、曲はアルバム単位、プレイリスト単位で再生できます。また、ライブラリの曲すべてを順番に再生することもできます。

再生の一時停止、次の曲へのスキップといった操作は、iTunesのウィンドウ左上にあるコントローラーを使用します。各ボタンの機能については、左ページ中央の図を参照してください。

iTunesの曲を聴きながらPCで作業をしていると、iTunesのウィンドウがほかのソフトの影に隠れてしまうことがあります。そのような場合でも、タスクバー（Macの場合はDock）のiTunesアイコンから曲のスキップや一時停止の操作が可能です。また、**画面を占有しない小さなウィンドウにコントローラーがまとまったミニプレーヤー表示も便利**です。

ここに注目！ 再生中の操作はコントローラーで行い便利なミニプレーヤー表示も活用

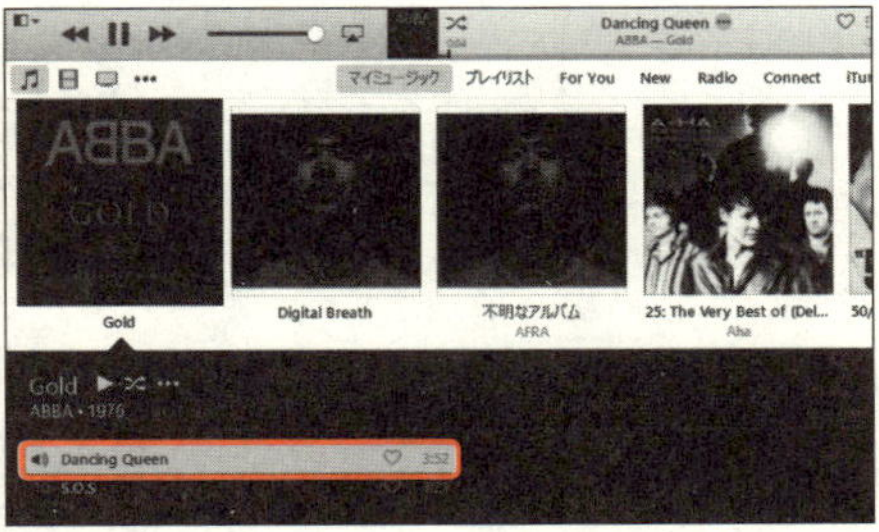

◀曲名をダブルクリックすると再生を開始します。再生中は、画面上部中央に曲名やアーティスト名が表示されます。

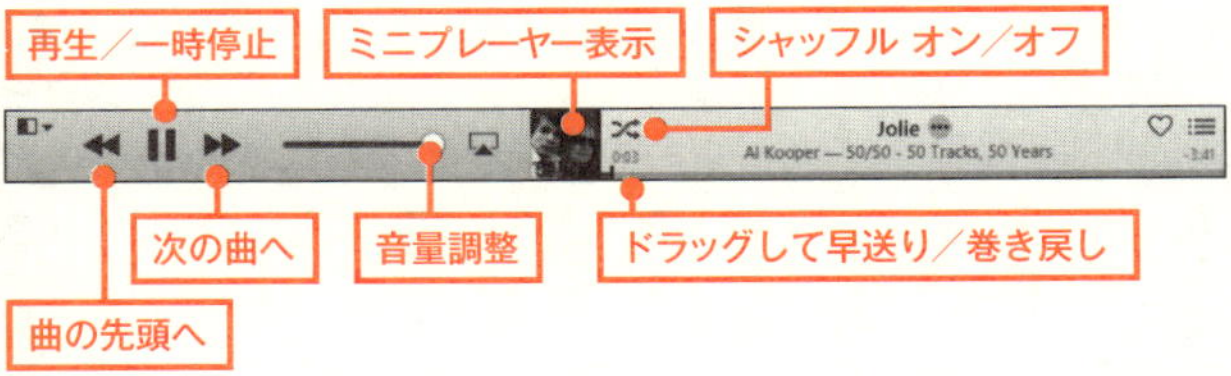

▲タスクバーのiTunesアイコンにマウスポインターを置くことで、再生／一時停止、曲のスキップなどの操作が可能です。「表示」メニュー→「ミニプレーヤーを表示」で、ミニプレーヤー表示にすれば、ほかの作業中でも曲の再生操作が行えます。なお、ミニプレーヤーを閉じるには画面左上の⊗をクリックします。

027 さまざまな再生方法をマスターする

KeyWord

シャッフル再生

リピート再生

iTunesではアルバム単位、プレイリスト単位で曲を再生できますが、初期設定では、一覧の上の曲から順番に再生され、一覧の末尾の曲が終わると再生が停止されます。また、ランダムな順番に曲を再生する**「シャッフル再生」**、繰り返し再生する**「リピート再生」**も利用することができます。

シャッフル再生では、次にどの曲が再生されるかわからない、意外な曲の組み合わせが楽しめるなど、順番どおりの再生とはまた違った音楽の魅力を堪能できる再生方法といえるでしょう。なお、シャッフル再生される曲の一覧は、「次はこちら」で確認できます。ここでは次に再生される曲を削除したり、好きな曲を追加したりすることもできます。

アルバムや曲をくり返し再生したい場合は、リピート再生を使います。リピート再生にはアルバムなどの曲を全曲くり返す「すべて」と、再生中の曲だけをくり返す「1項目」の2種類があります。

ここに注目! シャッフル/リピートなどを設定する

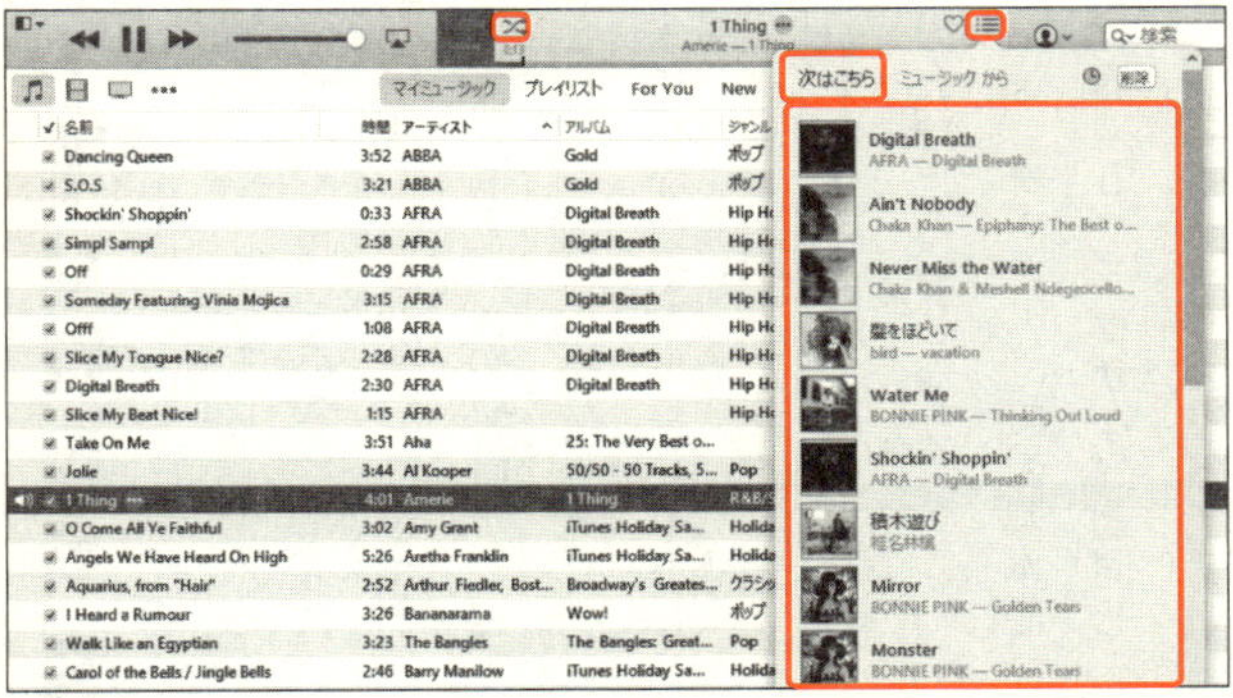

▲ 「シャッフル」をクリックするとシャッフル再生になります。今後再生される曲は、 をクリックして表示される「次はこちら」のリストで確認できます。

◀ Alt キーを押してメニューを表示し、「コントロール」(Macでは「制御」)→「リピートする」をクリックして、目的のリピート方法をクリックします。

028 iTunes Storeとは？

KeyWord

音楽配信サービス

AAC

「今すぐ聴きたい！」というニーズに応える**音楽配信サービス**が「ｉＴｕｎｅｓ Ｓｔｏｒｅ」です。音楽配信サービスの先駆者として、価格や配信カタログ数など、さまざまな面で業界をリードしてきました。**ｉＴｕｎｅｓからすぐに利用できる**点がｉＴｕｎｅｓ Ｓｔｏｒｅの最大の魅力といえるでしょう。

ｉＴｕｎｅｓ Ｓｔｏｒｅでの基本的な操作方法はＷｅｂブラウザなどと同じで、**バナーやリンクをクリックすることでページを切り替え、曲やアルバムを探します。曲単位、アルバム単位で購入でき**、１曲２５０円ほど、アルバムは１枚２０００円ほどで販売されています。曲の試聴も可能です。

ｉＴｕｎｅｓ Ｓｔｏｒｅで配信されている音楽ファイルは、形式がＡＡＣ、ビットレートは約２５６ｋｂｐｓ、サンプリング周波数が４４・１ｋＨｚという仕様で、音楽ＣＤと比べても遜色のない音質です。

ここに注目! 曲やアルバムが購入できる音楽配信サービス

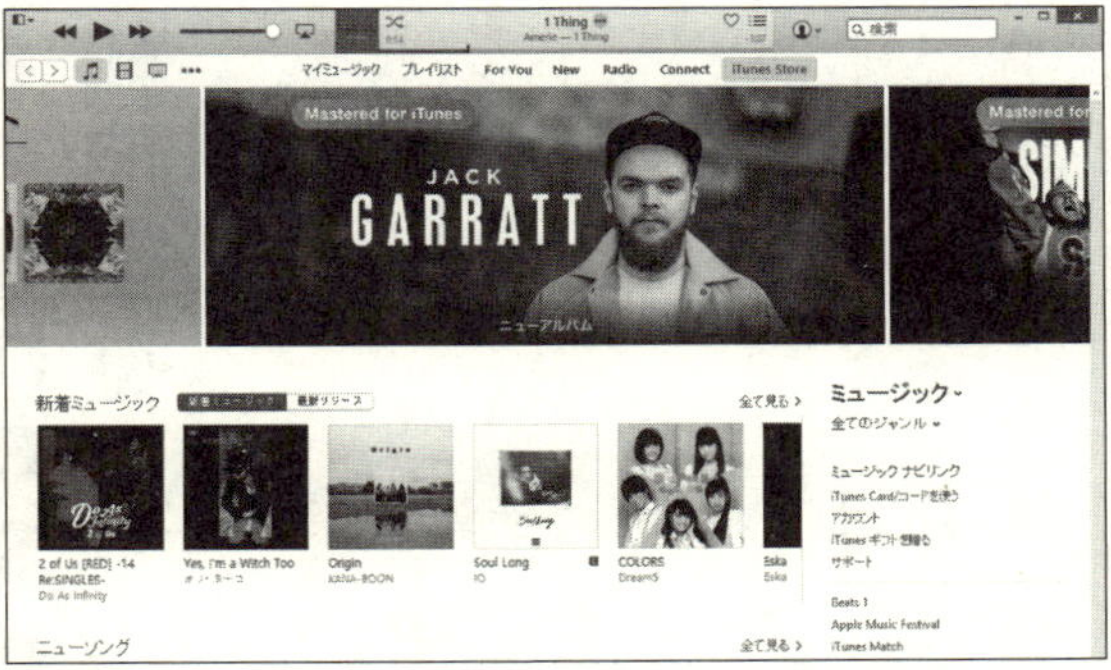

▲画面上の「iTunes Store」をクリックすると表示されるのがトップページです。バナーやリンクをクリックして曲を探します。

▲曲やアルバムごとに専用のページが用意されています。一部例外はあるものの、曲単位、アルバム単位で購入できます。曲の試聴（約90秒）も可能です。

029

iTunes Storeを利用する

KeyWord

Apple ID

決済方法

iTunes Storeを利用するには、最初に「Apple ID」の登録が必要です。Apple IDはメールアドレスとパスワードをセットにした情報で、これを使ってサインインすることで、iTunes Storeの各種サービスを利用できるようになります。

また、Apple IDの登録時に、決済手段の登録も済ませておきましょう。**iTunes Storeでの決済方法には、クレジットカードとプリペイドカードのいずれかを指定できます。**

プリペイドカードは、Apple Storeや家電量販店、コンビニエンスストアなどで「iTunes Card」「App Store Card」などの名称で販売されています。プリペイドカードは、カード背面のスクラッチシートをこすると現れるコード番号をiTunesに登録すれば、プリペイド分がチャージされ、曲やアルバムの購入に使用できます。

ここに注目! Apple IDのアカウントを登録し クレジット／プリペイドカードで決済する

▲Apple IDを登録するには、最初にアカウントのボタンをクリックして、表示されるダイアログボックスで「Apple IDを作成」をクリックします。以降、サインインする場合は、上図のダイアログボックスでメールアドレスとパスワードを入力して「サインイン」をクリックします。

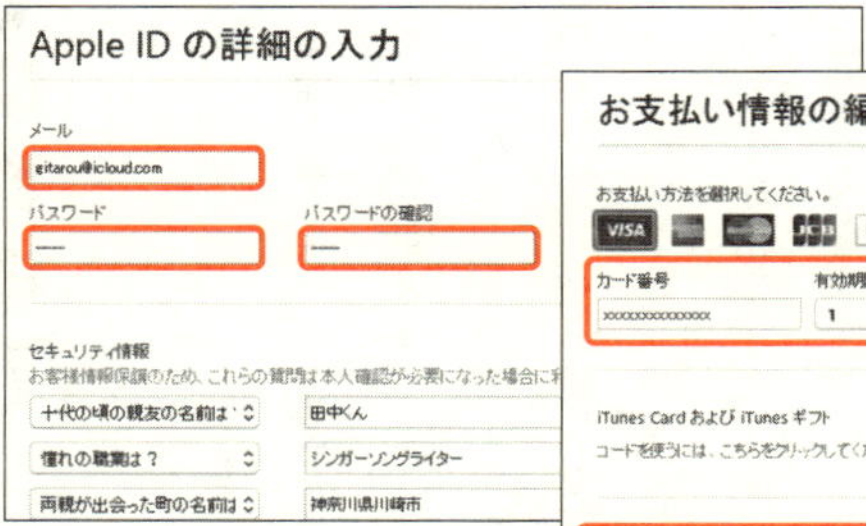

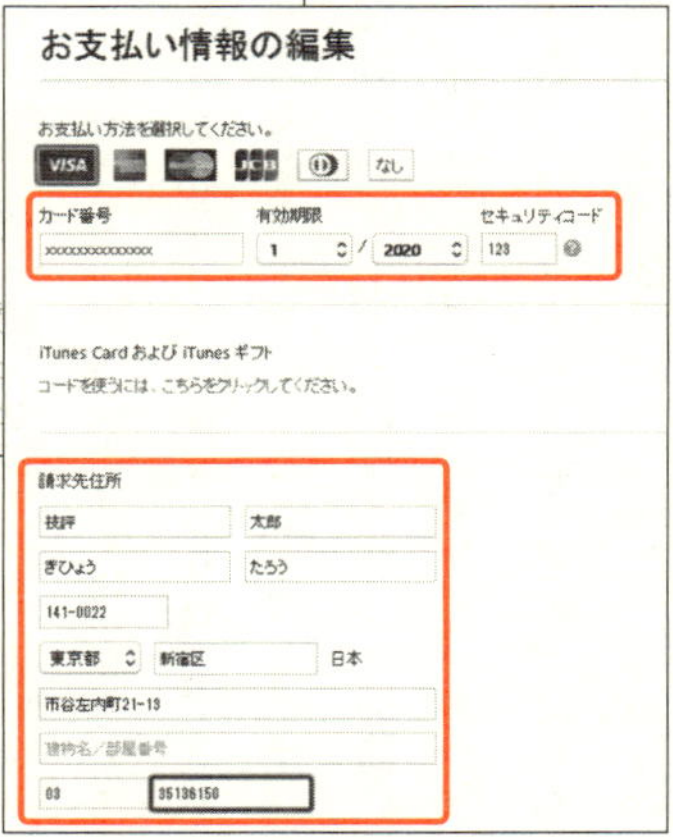

▲▶任意のメールアドレスとパスワードなどを登録し、続けてクレジットカード情報と個人情報を入力します。

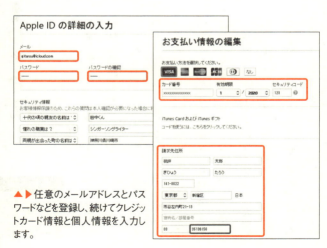

030 iTunes Storeで曲を探す

KeyWord

検索ボックス

全てのジャンル

ｉＴｕｎｅｓ Ｓｔｏｒｅでは、国内外のさまざまなアーティストの曲が取り扱われています。カタログ数は常時数十万曲以上と膨大で、その中から目的の曲を探すのはひと苦労です。ｉＴｕｎｅｓ Ｓｔｏｒｅには、曲を効率的に探すための機能が用意されているので、それらを利用するとよいでしょう。

まずは「検索ボックス」です。これは、曲名やアーティスト名などのキーワードを入力すると、カタログ内からマッチする曲やアルバムなどをピックアップしてくれる機能です。

また、トップページ右にある**「全てのジャンル」をクリックすると、曲のジャンル別のページを表示することができる**ので、好きなジャンルに切り替えて、そこから曲を探すということもできます。

さらに、ユーザーのライブラリの傾向を分析して、おすすめの曲をピックアップする「Ｇｅｎｉｕｓおすすめ」は、「あなたへのおすすめ」から利用できます。

ここに注目！ 検索機能や「全てのジャンル」などを利用する

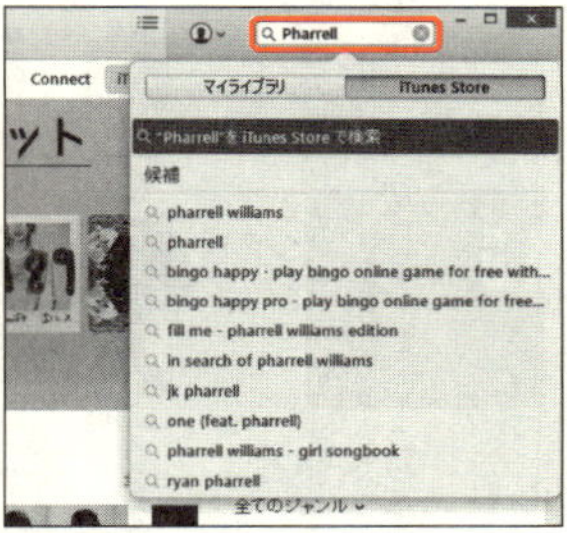

◀検索ボックスにキーワードを入力して曲をピックアップできます。入力したキーワードに関連する候補が表示されるので便利です。

◀「全てのジャンル」をクリックすると、音楽ジャンルが一覧表示されます。ここでジャンルをクリックすると、そのジャンル専用のページに切り替わります。

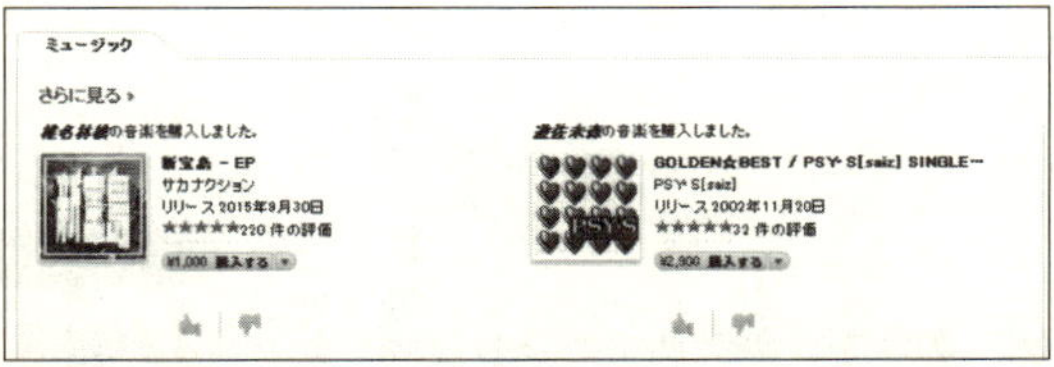

▲トップページ右にある「あなたへのおすすめ」をクリックすると、購入履歴などにもとづくおすすめ曲やアルバムを表示します。

031

iTunes Storeで曲を購入する

KeyWord
Apple ID
購入した項目

ほしい曲を見つけたら、いよいよ購入します。事前にApple IDを使ってサインインしておけば（73ページ）、数回クリックするだけで曲の購入が完了し、ダウンロードが開始されます。

購入するアルバム、曲の価格が表示されたボタンをクリックすると、何度か確認のメッセージが表示されたあと、改めてApple ID／パスワードの入力が求められます。なお、30分以内の連続購入であれば、再度Apple IDの入力が求められることはありません。

ダウンロードされた曲は、自動的に作られる「購入した項目」というプレイリストに保存されます。音楽CDからリッピングした曲と同様に、購入した曲も好きなプレイリストに入れることができます。なお、**一度購入した曲は、iTunes Storeの「購入済み」のリンクから再度ダウンロードすることができます。**間違って削除してしまっても安心です。

ここに注目！ サインイン後、購入ボタンをクリックし Apple ID／パスワードの入力で購入

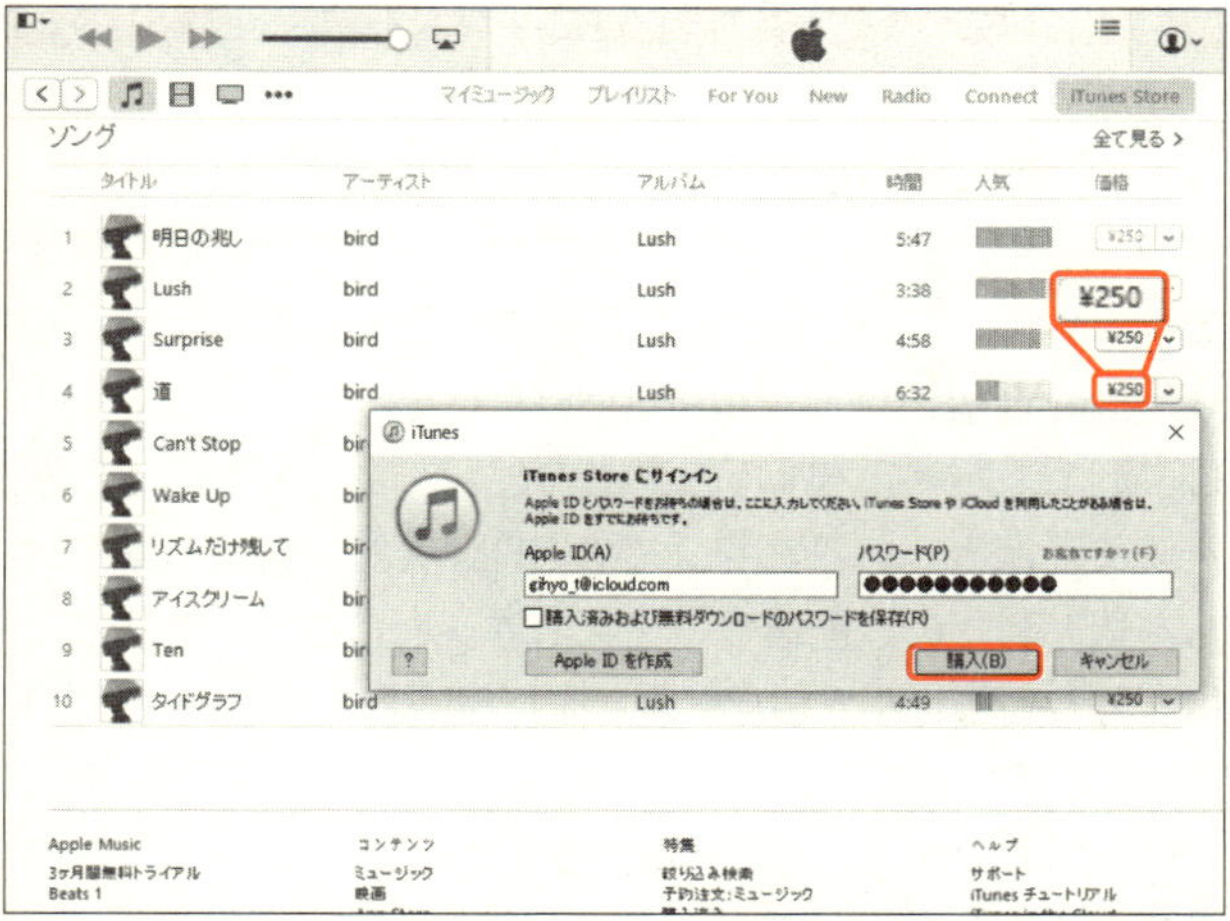

▲アルバム、曲の「（価格）」ボタンをクリックして、Apple IDを入力すると、曲を購入できます。

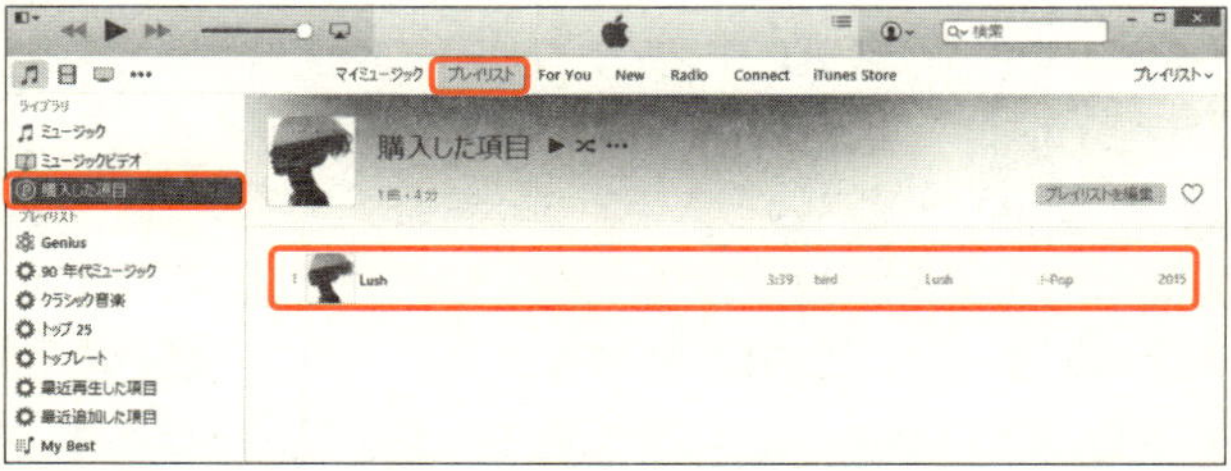

▲画面上の「プレイリスト」をクリックして、「購入した項目」をクリックすると、ダウンロードした曲を確認できます。

Column

コラム 3

違法コピーを撲滅したApple

ほんの10数年前まで、ネット上には違法にコピーされた音楽ファイルがあふれ、ただでダウンロードできていた時代がありました。こうした風潮を打破すべく作られたのが「DRM(Digital Rights Management)」です。

DRMは「音楽ファイルの違法コピー、ネットでのばらまきを防ぐ仕組み」のことで、このDRMを設定した音楽ファイルを販売したのが配信サービスです。ところが、当初はそれほど普及しませんでした。まだまだ音楽CDが主流でしたし、DRMの運用が厳しく、ポータブルプレーヤーなどに購入した曲を持ち出すこともできなかったためです。

その後Appleは、比較的ゆるめのDRMで国内に参入しました。iPodシリーズの人気もあり、市場はAppleが牽引、次第に国内の各サービスも追随せざるを得なくなり、結果的に「法を犯すより、手軽に買えて、使いやすい配信サービスを使うほうがよい」というユーザーを増やしました。

現在、配信サービスから入手できる音楽ファイルには、ほとんどDRMが課せられていません。もはやその必要性が薄れたためです。誰にでも扱いやすいDRMを、ユーザーに最初に提示したAppleという“黒船”が、違法コピーを撲滅したのです。

第4章

[MusicBee編]

MusicBeeを使う

032

MusicBeeとは?

KeyWord

統合型ソフト

FLAC

「MusicBee」は、iTunesと同様にリッピングから曲の管理、再生、タグ編集まで1本でこなす**統合型ソフト**です。数多くの音楽ファイル形式に対応しており、**ハイレゾの主流である「FLAC」に対応**している点はiTunesとの大きな違いです。もちろん違いはそれだけではなく、高音質を追求できるさまざまな設定項目が用意されていることもMusicBeeの特徴です。

リッピング機能では、高精度でデータを取り込むことができるオプションが用意されているため、安心して音楽CDから高品質な音楽ファイルを作ることができます。

また、再生品質に関しても、iTunesが対応しない**WASAPIの排他モードが利用**できるため、PCの効果音などに邪魔されず、音楽を再生することができます。対応はWindowsのみですが、iTunesからの乗り換えを検討するに値する魅力的なソフトです。

ここに注目!

音質へのこだわり機能満載のオールインワンソフト

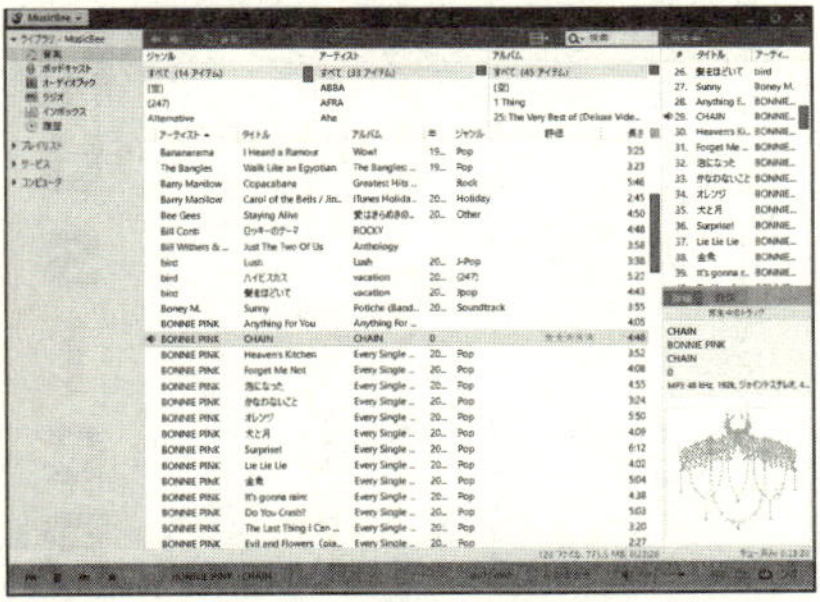

▲iTunesの置き換えソフトとしてもおすすめの「MusicBee」。多彩な機能を備えつつ、動作が軽快でスムーズに操作できる点も特徴です。無料で利用できます。なお、MusicBeeでハイレゾを再生する方法は、第6章の120ページを参照してください。

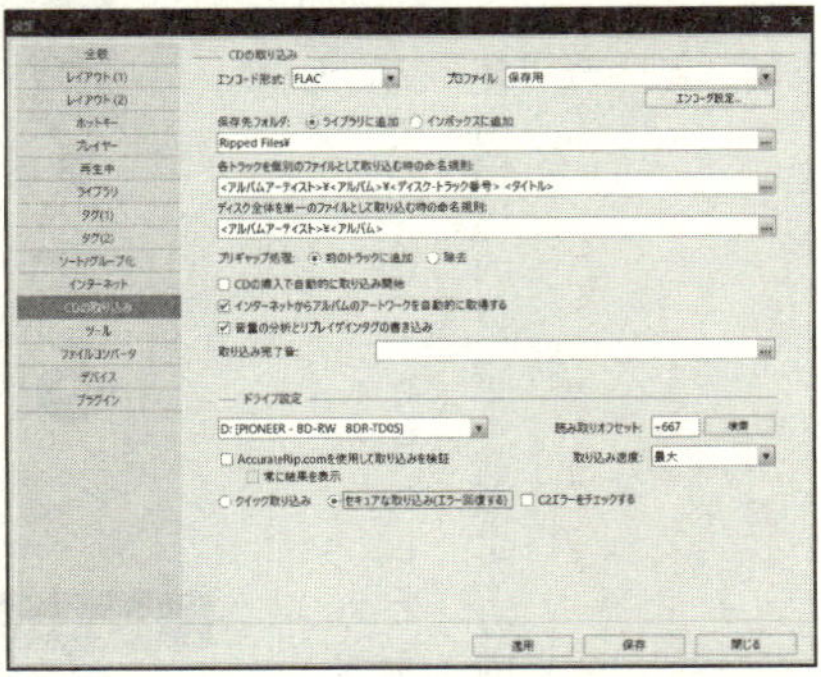

▲音楽CDからのリッピングに関する設定画面。リッピングのファイル形式としてFLACが選択できるほか、リッピングに使うドライブの最適化、高度なエラー訂正機能など、リッピング専用ソフトに匹敵する高度な機能を備えています。

033

MusicBeeを導入する

KeyWord

インストール

日本語

MusicBeeは、開発もとのWebページで無償配布されています。まずはこの配布もとからインストーラーをダウンロードしましょう。

インストーラーを実行すると、ウィザードが起動し、画面の表示に従って操作することで、MusicBeeのインストールが完了します。MusicBeeのインストール後は、デスクトップにショートカットが作られます。これをダブルクリックするとMusicBeeが起動します。

初めてMusicBeeを起動すると、使用環境の言語を選択する画面が表示されます。**ここで「日本語」を選択しておくと、メニューをはじめとする画面構成要素が日本語で表示されるようになります。**また、最初の起動時にPC内の音楽ファイルを検索し、自動的にMusicBeeのライブラリに登録することもできます。音楽ファイルの追加は、あとからでも可能です。

ここに注目！ インストーラーをダウンロードしウィザードに従ってインストールする

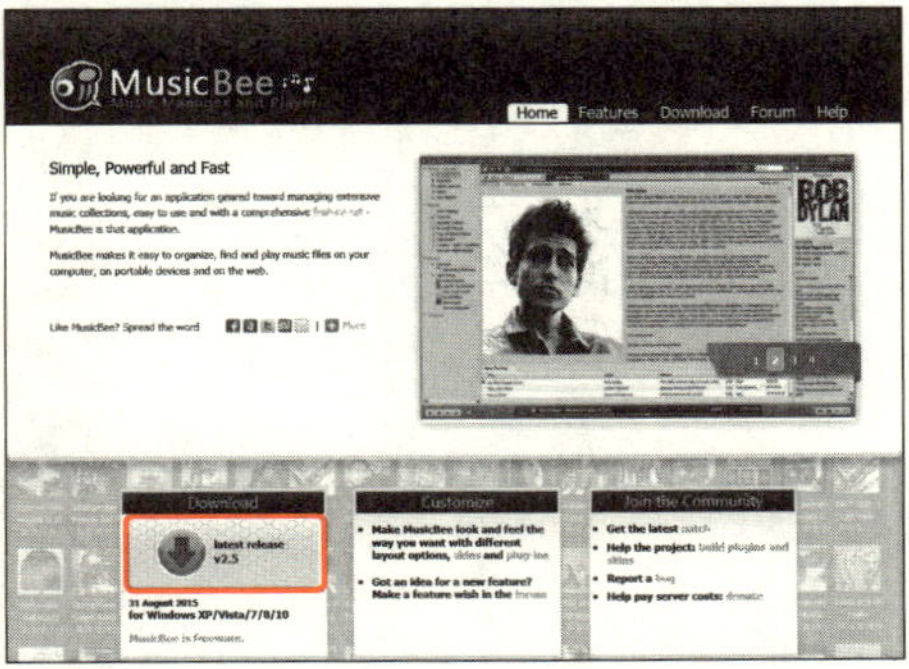

▲MusicBeeを使うには、開発もとのWebページ（http://www.getmusicbee.com/）からインストーラーをダウンロードします。

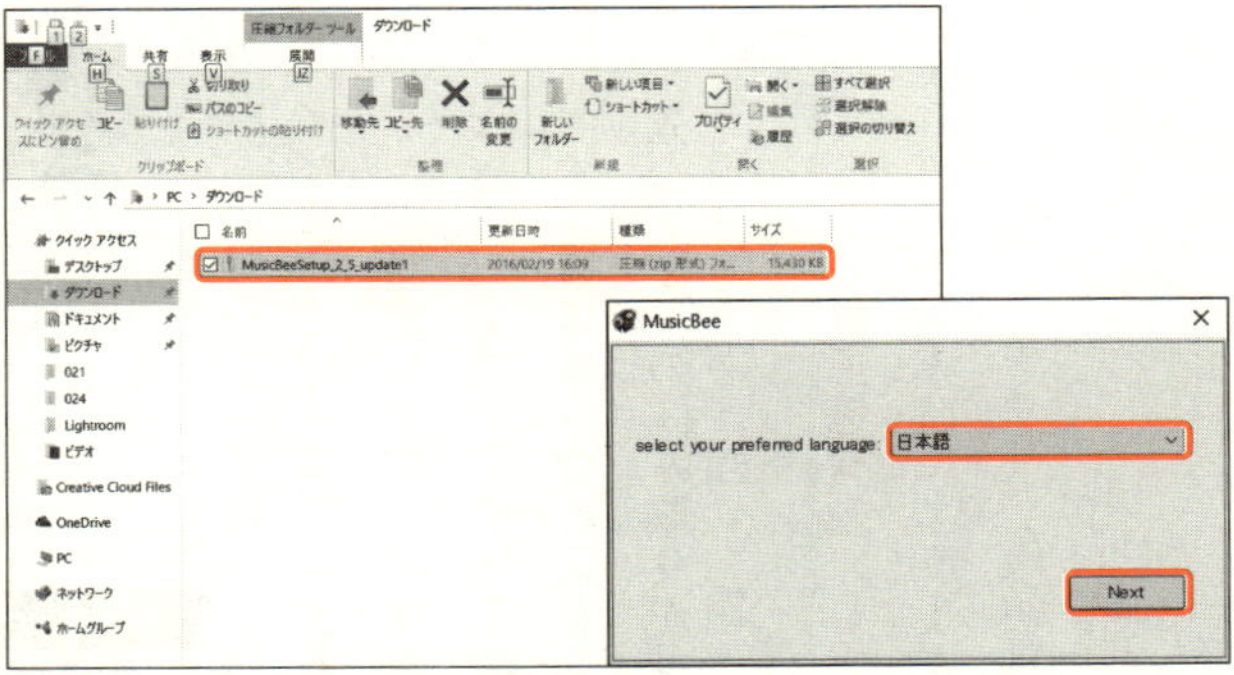

▲ダウンロードしたZIPファイルを展開すると現れるインストーラーをダブルクリックして、PCにインストールします。最初の起動時に使用言語を「日本語」に設定します。

034

リッピングの設定を行う

KeyWord

エンコード形式

ドライブ設定

MusicBeeのリッピングに関する設定は、次ページの画面で行います。ここでポイントとなるのは、「エンコード形式」と「ドライブ設定」の各項目です。**エンコード形式では、リッピングで生成する音楽ファイルの形式を選択します。**MusicBeeの場合、**可逆圧縮形式の「FLAC」に設定するのがおすすめです。**なお、ALACなどの音楽ファイルを選択するには、追加プログラムが必要です（98ページ）。

ドライブ設定では、まず「読み取りオフセット」を設定します。これはかんたんにいうと、光学式ドライブを最適化することです。適切な値を指定することでより正確なデータの読み取りが可能になります。

続けて**エラー訂正を有効にします。**これにより、読み込み時にエラーが発生してもエラーが訂正され、高品質な音楽ファイルのリッピングが可能になります。

ここに注目! エンコード形式と正確なデータ読み込みの設定がポイント

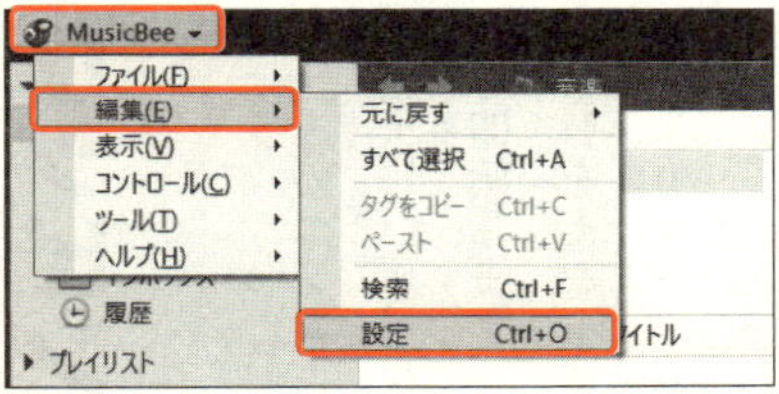

◀「MusicBee」メニューから「編集」→「設定」をクリックします。

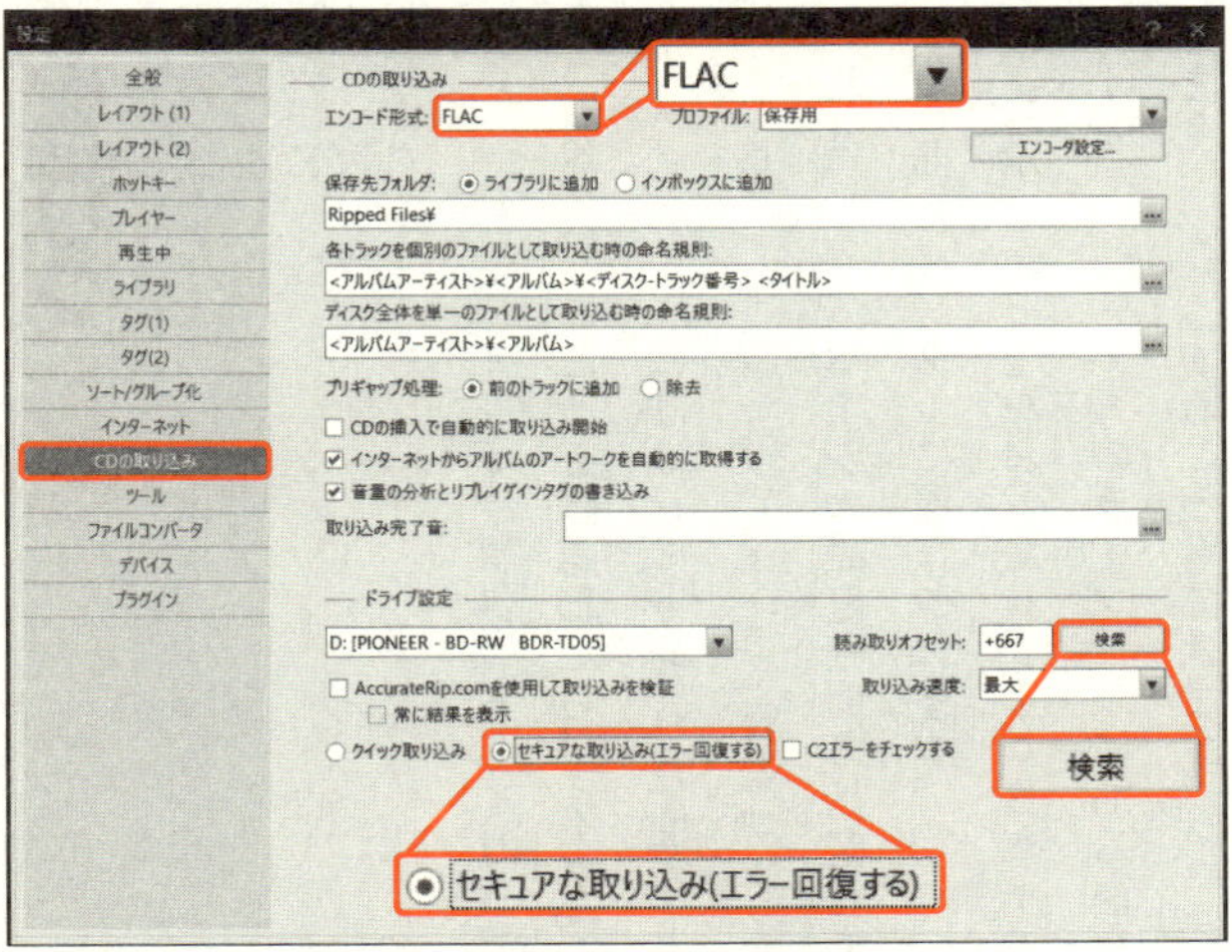

▲設定画面が表示されます。画面左で「CDの取り込み」をクリックして、「エンコード形式」で音楽ファイルの形式を選択します。「読み取りオフセット」の「検索」をクリックすると、使用する光学式ドライブに最適な値が自動入力されます。「セキュアな取り込み（エラー回復する）」をオンにすれば、時間はかかりますが正確なデータの読み込み、高品質の音楽ファイルの生成が可能になります。

035 リッピングを行う

ＣＤの取り込みのエンコード形式とドライブ設定が完了したら、音楽ＣＤからのリッピングを開始します。

ＰＣに音楽ＣＤをセットすると、収録されている曲がＭｕｓｉｃＢｅｅのメインウィンドウに一覧表示されます。ＰＣがインターネットに接続されていれば、ＣＤＤＢ（音楽データーベース）から曲名などが自動取得されます。自動で表示されない場合、メニューから「ツール」→「ＣＤを取り込む」をクリックします。

リッピングされた曲は、ＭｕｓｉｃＢｅｅの「インボックス」に保存されます。

インボックスに正しくリッピングされたことを確認したら、ライブラリの「音楽」にリッピングされた曲をドラッグ＆ドロップします。音楽ファイル自体は85ページの設定画面で指定しているフォルダーに保存されます。

なお、ＭｕｓｉｃＢｅｅではｉＴｕｎｅｓのライブラリにある曲をインポートすることもできます。

KeyWord

音楽CD

インボックス

ここに注目!

「CDを取り込む」から音楽CDをリッピングする

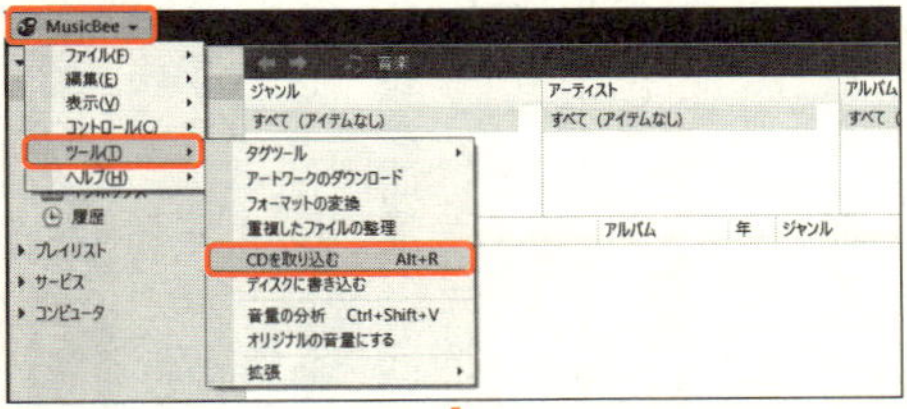

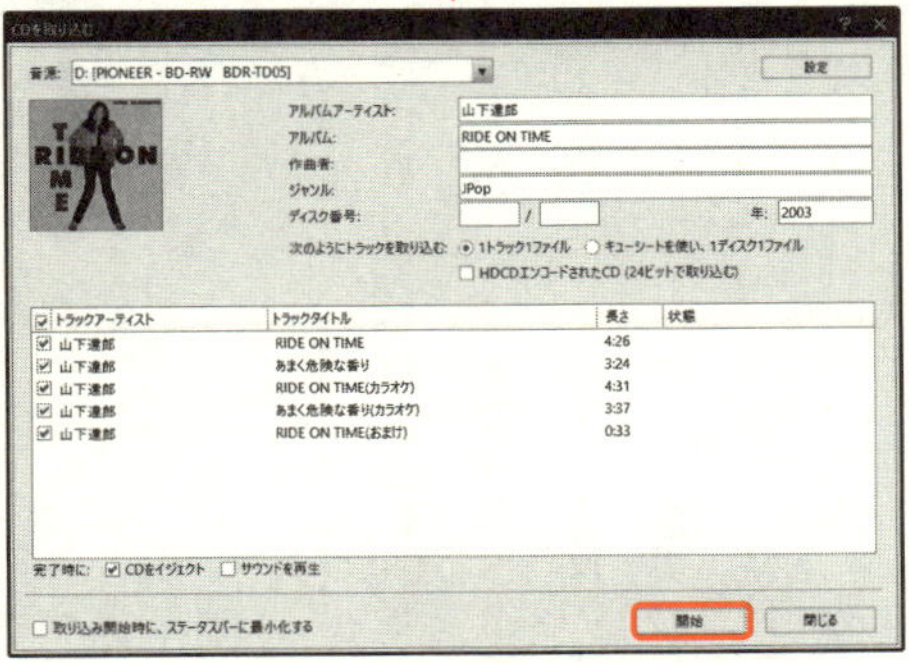

◀音楽CDをセットして、「MusicBee」メニューから「ツール」→「CDを取り込む」をクリックします。 続けて表示される画面で「開始」をクリックします。85ページの設定で「AccurateRip.com」を有効にすると、「取り込み結果はAccurateRip.comと一致しませんでした」と警告が出ることもありますが、リッピングしたデータの精度が悪いということはほとんどありません。

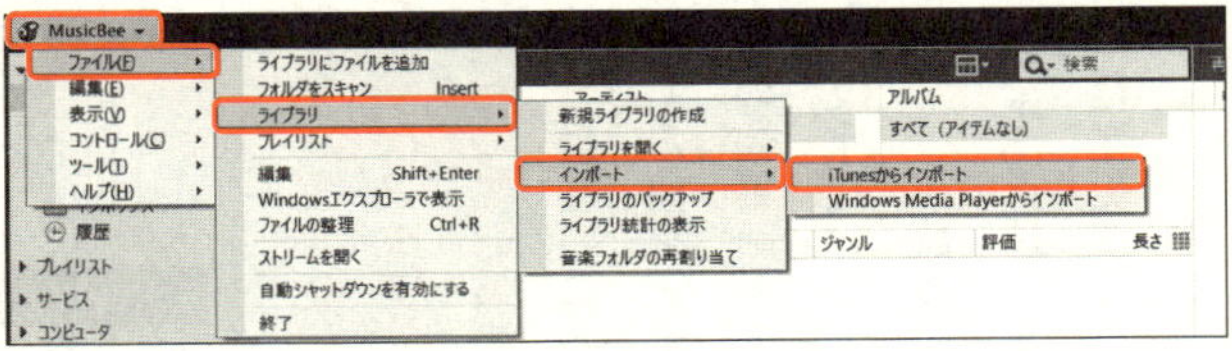

▲iTunesのライブラリの取り込みは、「MusicBee」メニューから「ファイル」→「ライブラリ」→「インポート」→「iTunesからインポート」の順にクリックします。表示されるダイアログボックスの項目をオン／オフして、「進む」をクリックします。

036

タグを編集する

　音楽ＣＤをセットして自動取得される曲名などの情報が間違っていたり、ＣＤＤＢに該当データが存在しないために情報が取得できなかったりした場合は、**リッピング後に手動で編集します。**

　また、ｉＴｕｎｅｓから取り込んだ曲の中には、情報が一部文字化けしてしまうものがあるので、このような場合もＭｕｓｉｃＢｅｅの**タグ編集機能**を使って修正しましょう。

　ＭｕｓｉｃＢｅｅには、タグ情報の一部が欠落している曲や、文字化けなどが発生している曲をピックアップしてくれるフィルタ機能が備わっているので、次ページ上図のように、最初にこの機能を使って編集の必要がある曲を表示しておきます。続けてタグの編集画面を表示して、欠落、あるいは文字化けしている箇所を入力、修正します。複数の曲を選択した状態で次ページ下の操作をすれば、アルバム名などを一括変更することもできます。

KeyWord

タグ編集機能

フィルタ機能

ここに注目！ タグの編集画面を表示し曲情報を入力／修正する

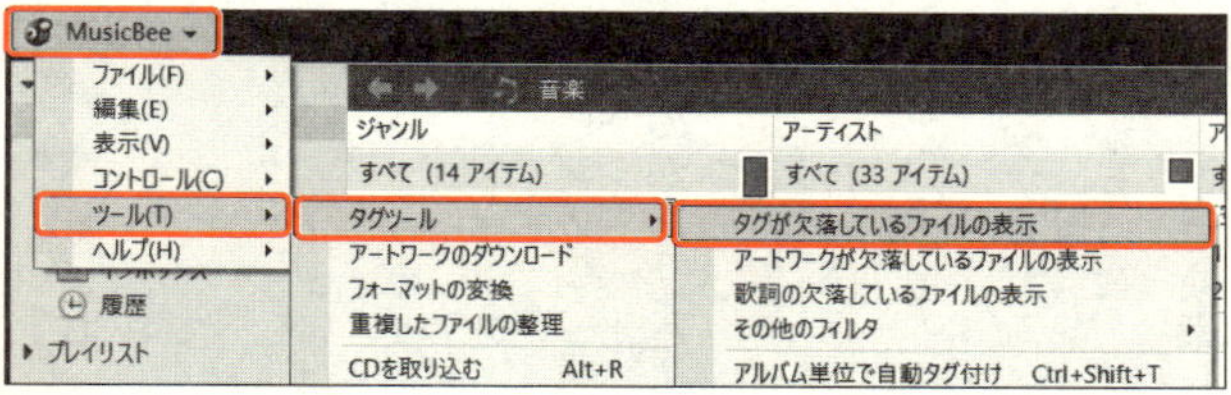

▲「MusicBee」メニューから「ツール」→「タグツール」→「タグが欠落しているファイルの表示」の順にクリックすると、タグの情報が不足、あるいは文字化けしている曲をピックアップします。

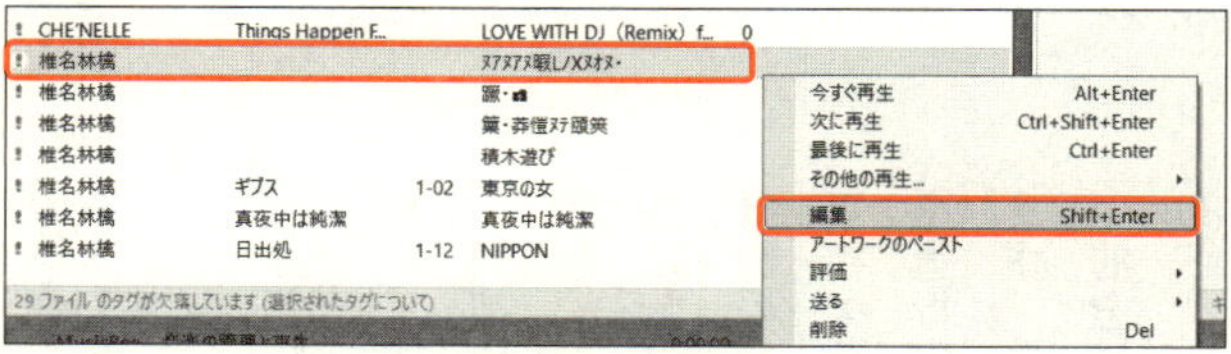

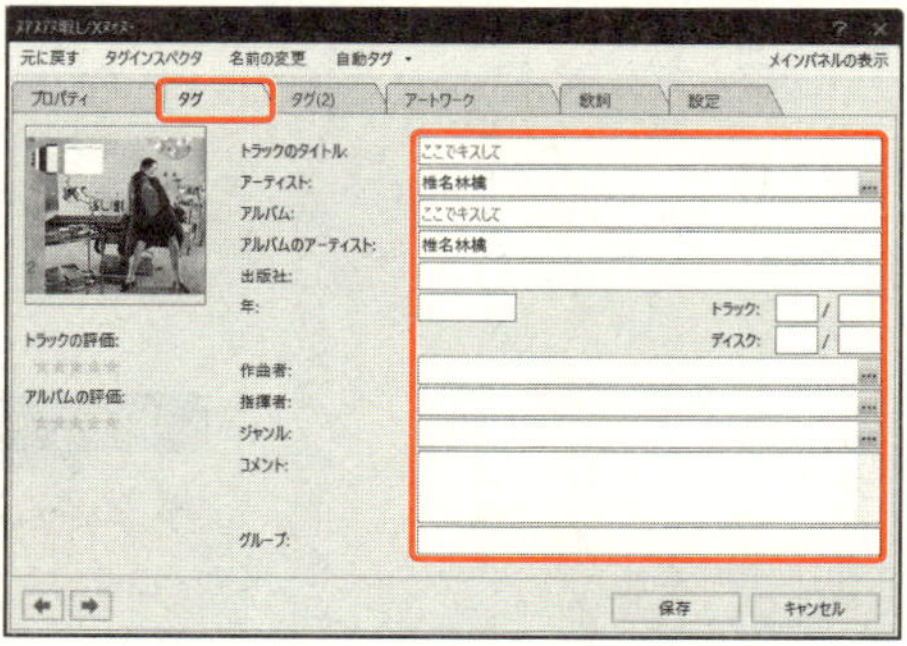

▲◀曲を右クリックすると表示されるメニューで「編集」をクリックすると、タグの編集画面が表示されます。「タグ」をクリックして、情報を編集します。

037

ジャケット写真を付ける

KeyWord

アートワーク

タグツール

音楽ＣＤのパッケージには、アーティストの肖像やイメージカットなどのジャケット写真（アートワーク）が付属していますが、リッピングした曲によっては、付いていないものがあります。**アートワークを取得することで、再生中の音楽を耳だけでなく、目でも楽しめる**ので、ぜひとも付けておきましょう。ＭｕｓｉｃＢｅｅには、曲名やアルバム名、アーティスト名などを手がかりに、アートワークをインターネット上で検索し、取得する機能が備わっているので、この機能を利用します。

最初に、ＭｕｓｉｃＢｅｅの**タグツールを使って、アートワークが未設定の曲だけを抽出**しておくと便利です。あとは目的の曲を選び、右クリックメニューから「欠落しているアートワークを更新」を選択すれば、アートワークを取得できます。なお、同様に歌詞が付属していない曲を抽出することもできます。歌詞は89ページのタグの編集で付け加えます。

ここに注目! メニューからアートワークを取得する

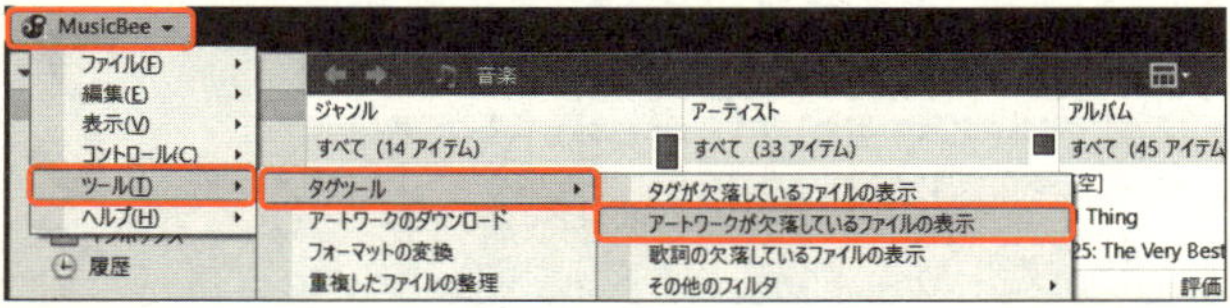

▲「MusicBee」メニューで「ツール」→「タグツール」→「アートワークが欠落しているファイルの表示」をクリックします。

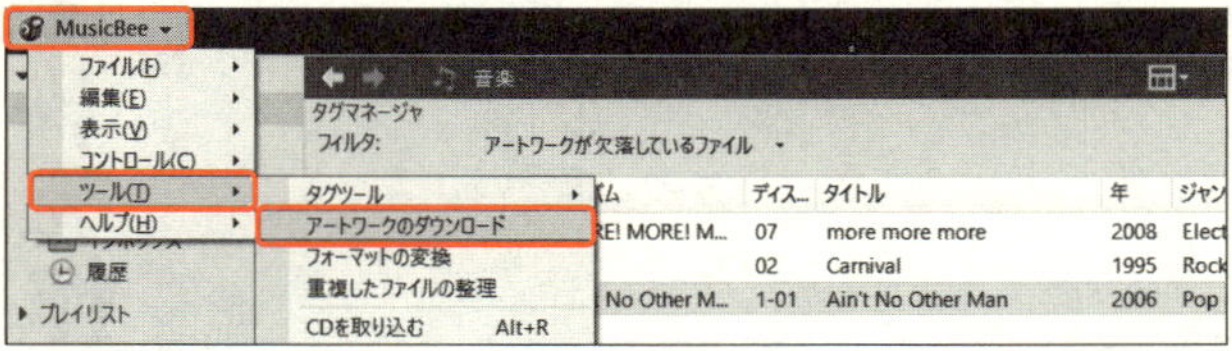

▲アートワークのない曲がピックアップされるので、アートワークを付ける曲を選択して、「MusicBee」→「ツール」→「アートワークのダウンロード」をクリックします。

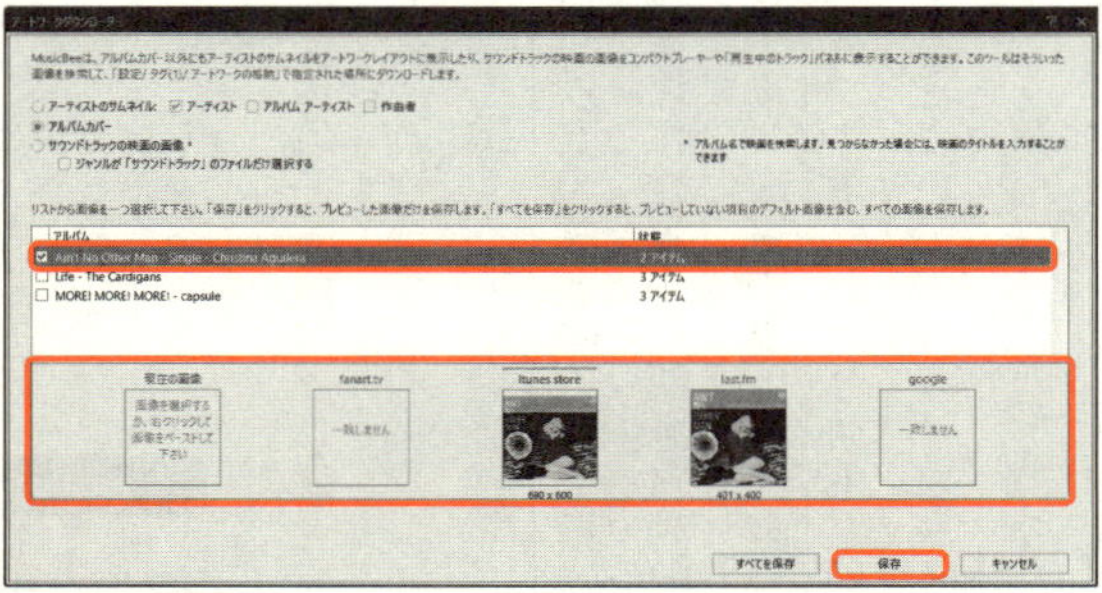

▲「アルバムカバー」を選択すると、選択した曲のアートワークが検索されます。目的のアートワークをクリックして、「保存」をクリックします。

038 プレイリストを作る

MusicBeeでもiTunesと同様にプレイリストを作ることができます。プレイリストを作れば、膨大な曲のライブラリの中からお気に入りの曲をまとめて、それらをヘビーローテーションで再生することができます。

プレイリストはメニューから作成できます。プレイリストはMusicBeeのメインウィンドウ左端に一覧表示されるので、そこに**入れたい曲をドラッグ&ドロップします。**

同様の操作で、**「自動プレイリスト」**を作ることもできます。自動プレイリストは、「アーティスト名が○○で、再生回数が10回以上」などの条件を指定すると、その条件に合致する曲を自動的にまとめてくれるプレイリストです。iTunesのスマートプレイリストと同じ機能と考えるとよいでしょう。プレイリストをたくさん作りすぎて管理が煩雑になったならば、フォルダーを作成して管理することもできます。

KeyWord

- 自動プレイリスト
- ドラッグ&ドロップ

ここに注目！ メニューからプレイリストを作成しドラッグ&ドロップで曲を登録する

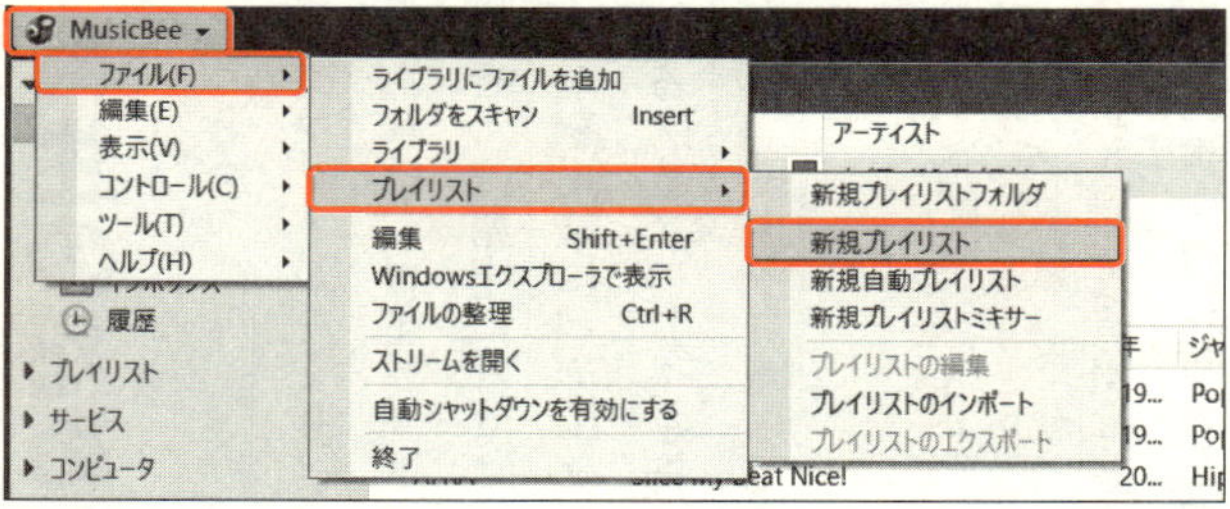

▲「MusicBee」→「ファイル」→「プレイリスト」→「新規プレイリスト」をクリックします。

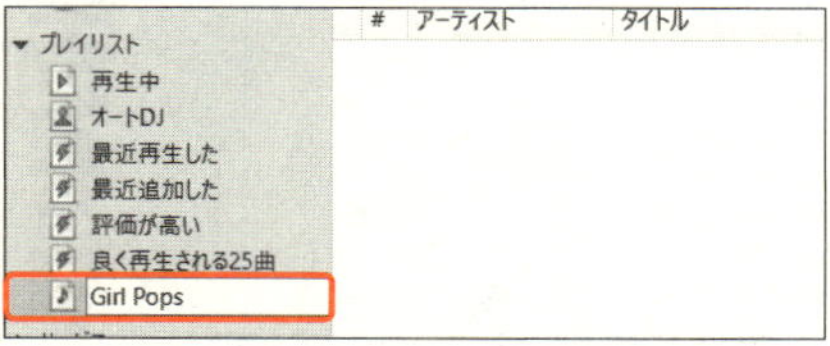

◀プレイリストが作成され、ウィンドウ左端に追加されるので、名前を付けます。

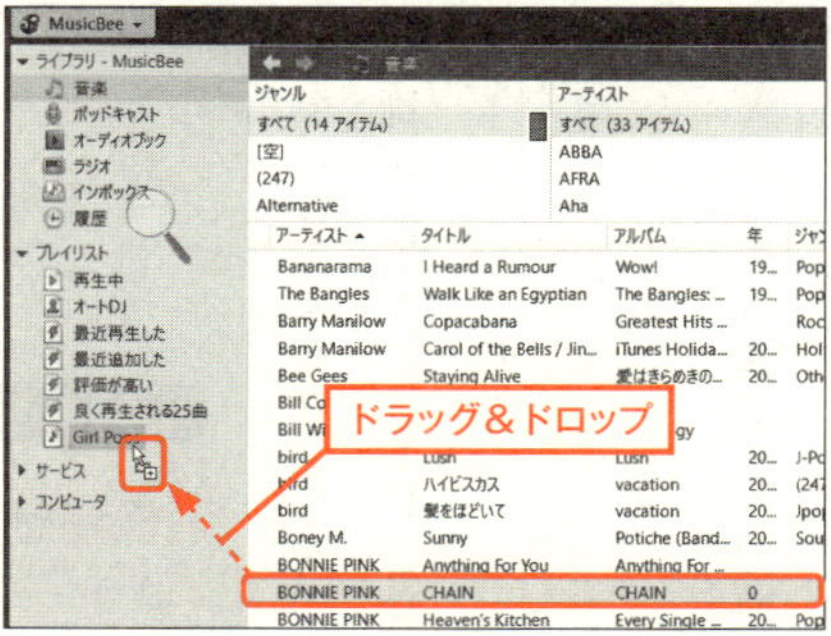

◀ライブラリの「音楽」や、「インボックス」から、目的のプレイリストに曲をドラッグ&ドロップすると、曲が入ります。

039

再生のための設定を行う

高品位な音楽ファイルをよりよい音で再生するのであれば、再生ソフト側の対応も欠かせません。精密にリッピングした音楽ファイルを正確に、データ転送の遅延などによるノイズの発生を抑えて再生するには、**WASAPIを通じた再生が最適**です。

さらにWASAPIの**排他モードを使えば、ほかのソフトの効果音などに邪魔されることもありません。**MusicBeeはこの排他モードに対応しています。iTunesもWASAPIに対応していますが、排他モードには非対応なので、別のソフトを使って作業しながら同じPCで音楽を再生する場合、MusicBeeを使うと便利です。

なお、WASAPIの排他モードで曲を再生するには、左ページの設定に加え、Windowsのサウンドデバイスの設定で排他モードの利用を許可しておく必要があります（119ページ）。

KeyWord

WASAPI

排他モード

ここに注目! 出力をWASAPIに選択して排他モードに設定する

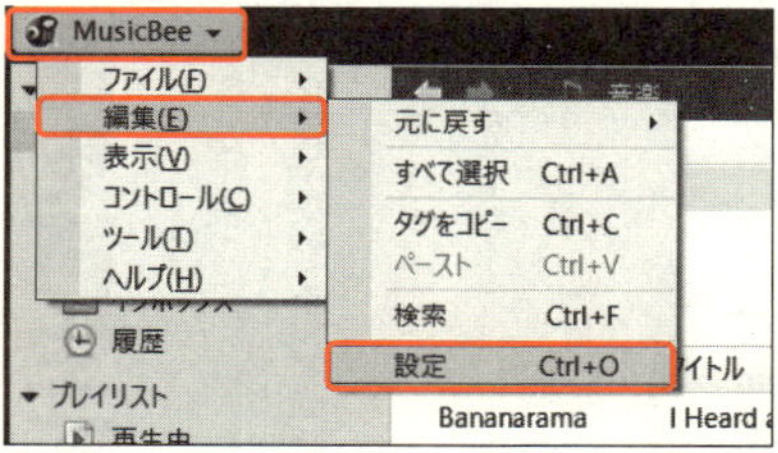

◀「MusicBee」メニューから「編集」→「設定」をクリックします。

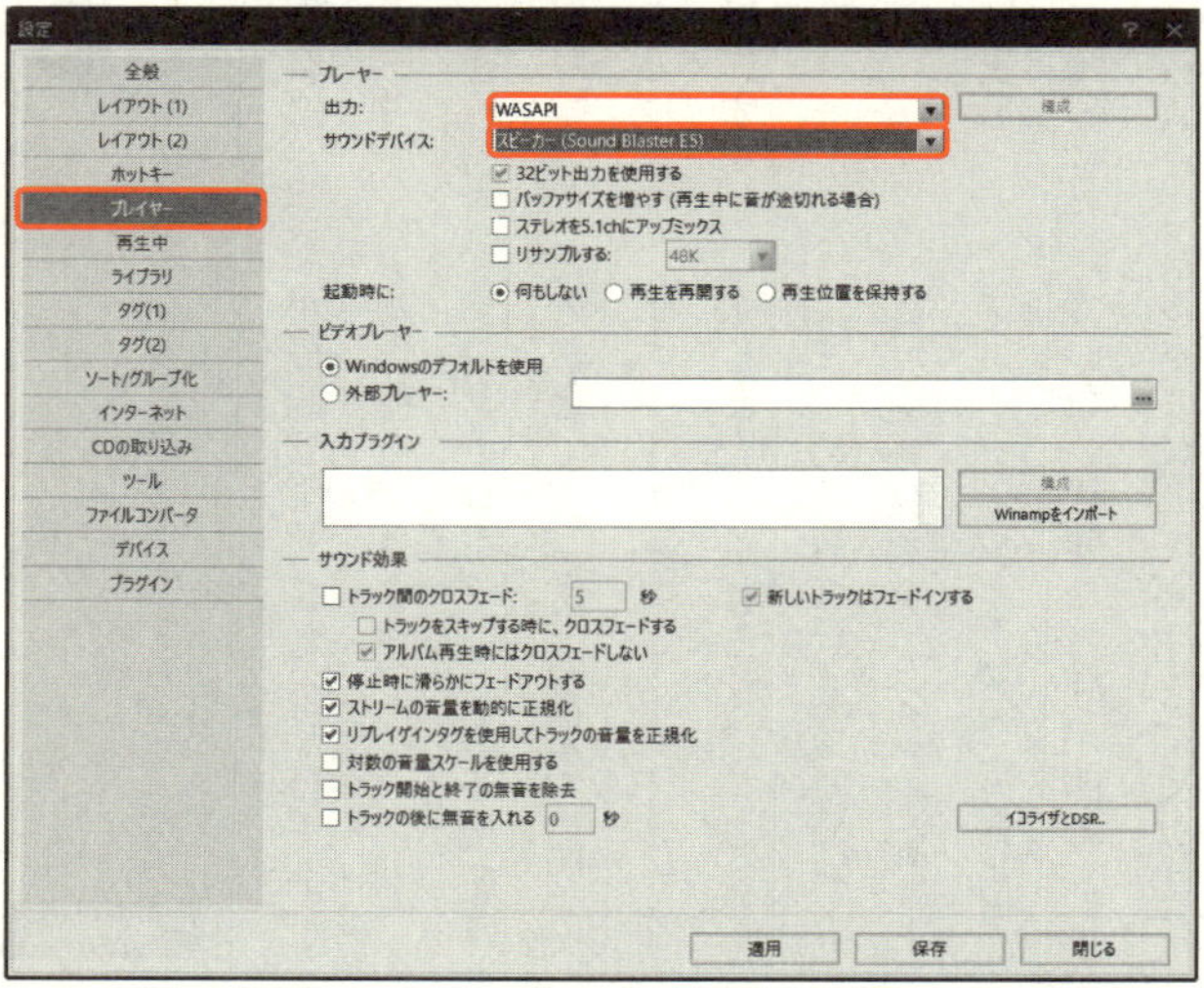

▲設定画面が表示されるので、画面左の一覧で「プレイヤー」をクリックします。「出力」で「WASAPI」を選択し、「サウンドデバイス」でPCに接続しているスピーカー、あるいはUSB DACを選択します。

040

曲を再生する

MusicBeeで曲を再生するには、**メインウィンドウ左側にあるライブラリの「音楽」をクリックして表示される曲の一覧で、目的の曲をダブルクリックします。**もちろん、同じ場所にあるプレイリストをクリックして同様に操作すれば、プレイリスト内の曲を再生できます。

再生中はメインウィンドウ下端に表示される**コントローラー**を使って一時停止、曲のスキップ、音量調整などの操作が可能です。また、リピート、シャッフル再生もできます。

コントローラーにある機能はもちろんのこと、それ以外の再生に関する機能は、メニューの「コントロール」をクリックすると表示される**サブメニュー**に、すべてまとめられています。特殊な機能として「リプレイゲイン」があります。「リプレイゲイン オフ」にチェックが入っていない状態ならば、曲の音量を一定のレベルにして再生してくれます。

KeyWord

ダブルクリック

サブメニュー

ここに注目! 曲のダブルクリックで再生でき サブメニューからユニークな再生も可能

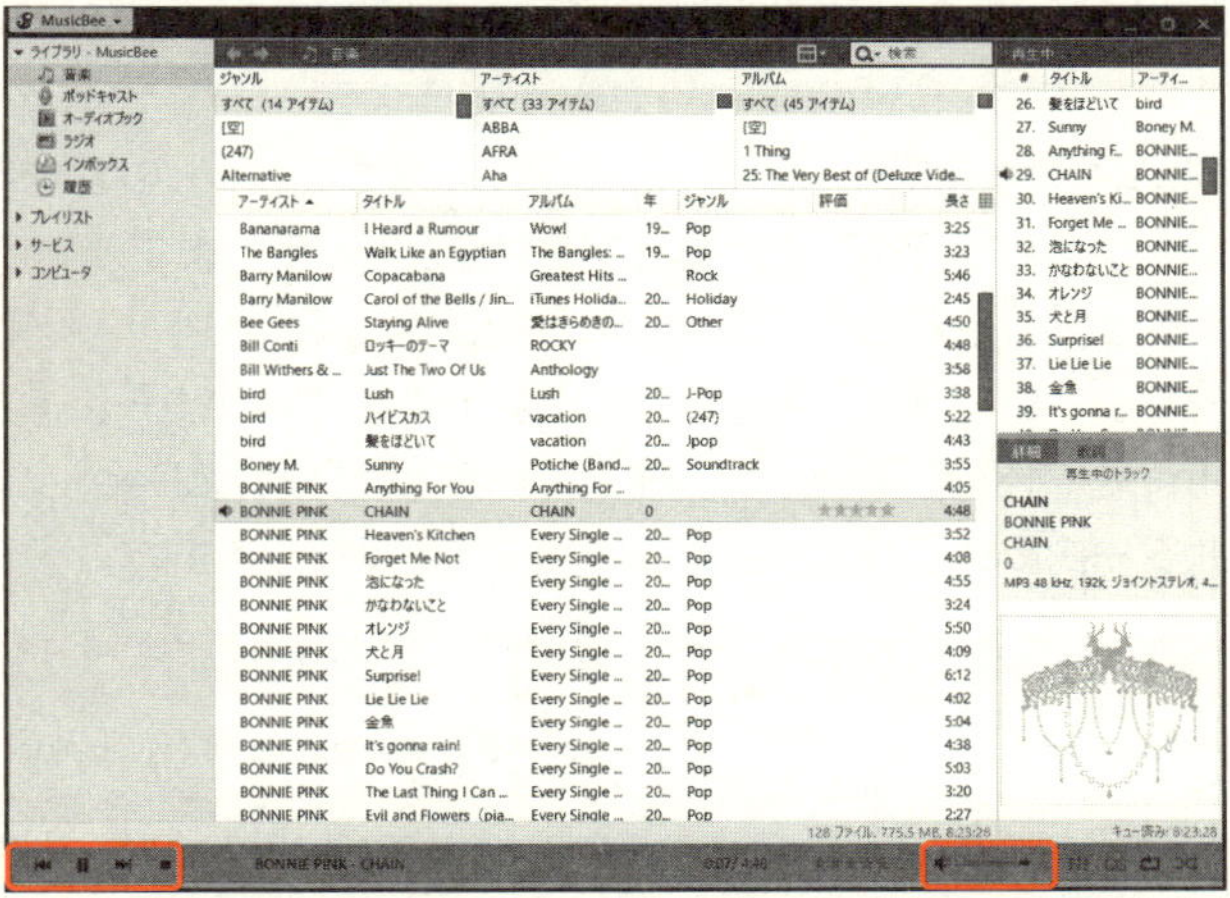

▲再生中はウィンドウ下端のコントローラーを使って各種操作が可能です。曲をダブルクリックすると再生が開始されます。

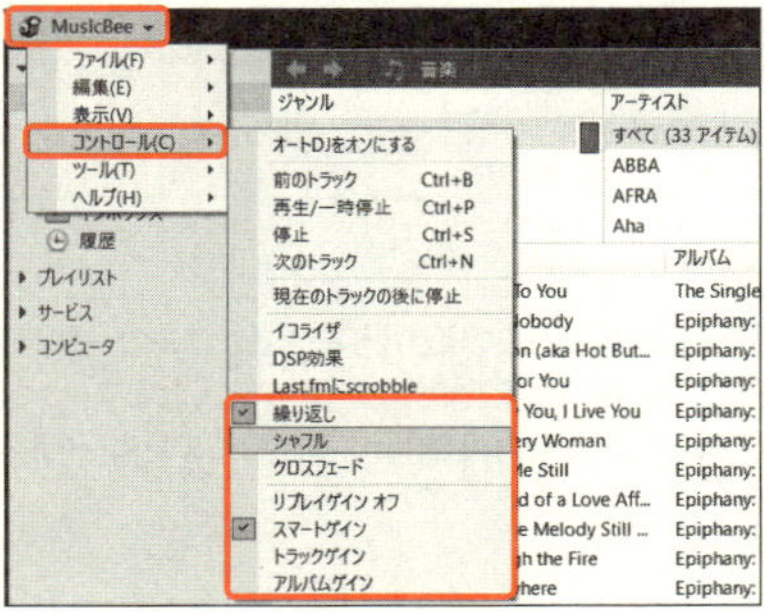

◀「MusicBee」メニューの「コントロール」をクリックすると表示されるサブメニューから、シャッフル、リピート再生のほか、スマートゲインなどのユニークな再生方法を選択できます。

Column

コラム 4

ファイル形式を追加する

MusicBee を使って、ALAC ファイル形式でリッピングを行いたい場合は、下記 URL からプログラムを入手します（無料）。利用 OS に合わせて、Static Versions の 32/64 ビット版をダウンロードし、展開してできる「bin」フォルダーにある ffmpeg 本体を「Program Files (x86)」の「MusicBee」フォルダー内にある「Codec」フォルダーに保存します。

エンコーダのファイル名	対応ファイル形式	入手先URL
ffmpeg.exe	ALAC（Apple ロスレス）	http://ffmpeg.zeranoe.com/builds/

* 解凍ソフトが必要な場合は、https://sevenzip.osdn.jp/download.html よりダウンロードしてください。

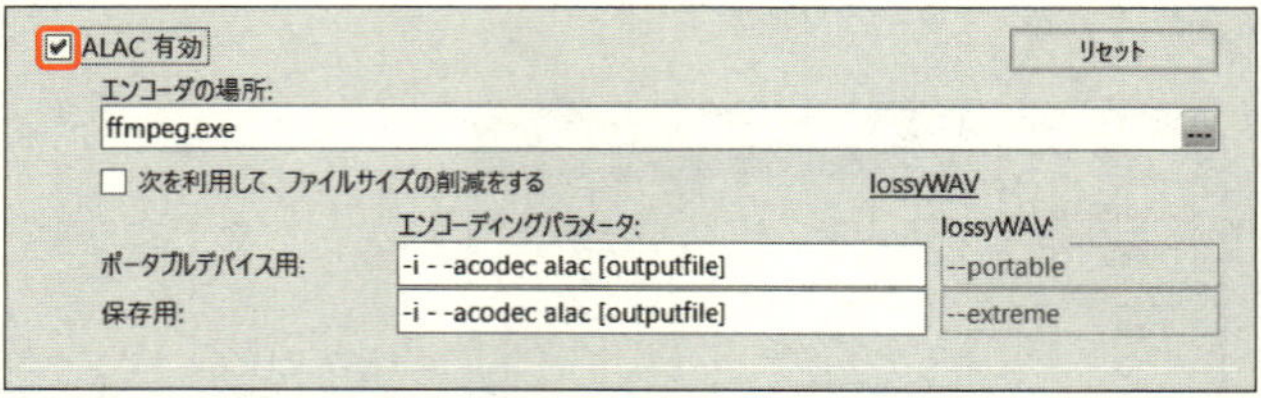

▲MusicBeeの設定画面（95ページ）の＜CDの取り込み＞で＜エンコーダ設定＞をクリックして切り替わる画面で、＜ALAC有効＞にチェックを入れます。＜適用＞をクリックし、＜CDの取り込み＞画面を再度表示すると、＜エンコード形式＞のリストからALACを選択できるようになります。

第5章

[ハイレゾ編]

「ハイレゾ」を楽しむための基礎知識

041

ハイレゾの特徴とは？

KeyWord

ビットレート

スタジオ録音

音楽ＣＤや配信用の圧縮された音楽ファイルに取ってかわる存在といわれているのが、**「ハイレゾ」**です。26ページでも解説しましたが、従来のデジタル化された音楽に比べ、ハイレゾはこれまでそぎ落とされていた音まで再現できるため、まるで演奏会場にいるような臨場感を味わうことができます。

ハイレゾは、量子化ビット数が24ビット以上、サンプリング周波数48ｋＨｚ以上の音源ですが、これはビットレートにすると４６０８ｋｂｐｓとなり音楽ＣＤの１４１１・２ｋｂｐｓの３倍以上であり、いかにハイレゾの情報量が多いかが理解できると思います。また、ビットレートが４６０８ｋｂｐｓ以上のハイレゾ音源もあります。

ハイレゾの特徴としては、**プロのミュージシャンがスタジオ録音した音源により近い**という点も挙げられます。スタジオ録音した音源のデータを一般のユーザーも楽しめる仕組みがハイレゾです。

ここに注目! 1秒当たりのデータ量が多く スタジオ録音に近い音質を持つ

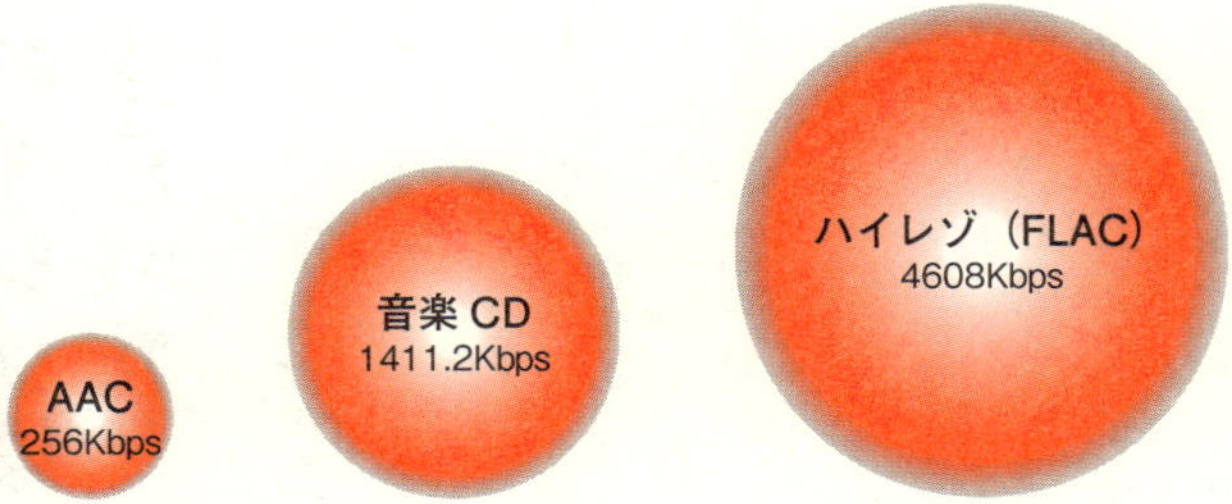

▲各音源の1秒当たりのデータ量(ビットレート)を比較したのが上図です。データ量の多さ＝高音質とは必ずしもいい切れませんが、AACなどの一般的な圧縮形式の音楽ファイルに比べ、ハイレゾのほうが約18倍もデータ量が多く、おのずと音に違いは表れます。

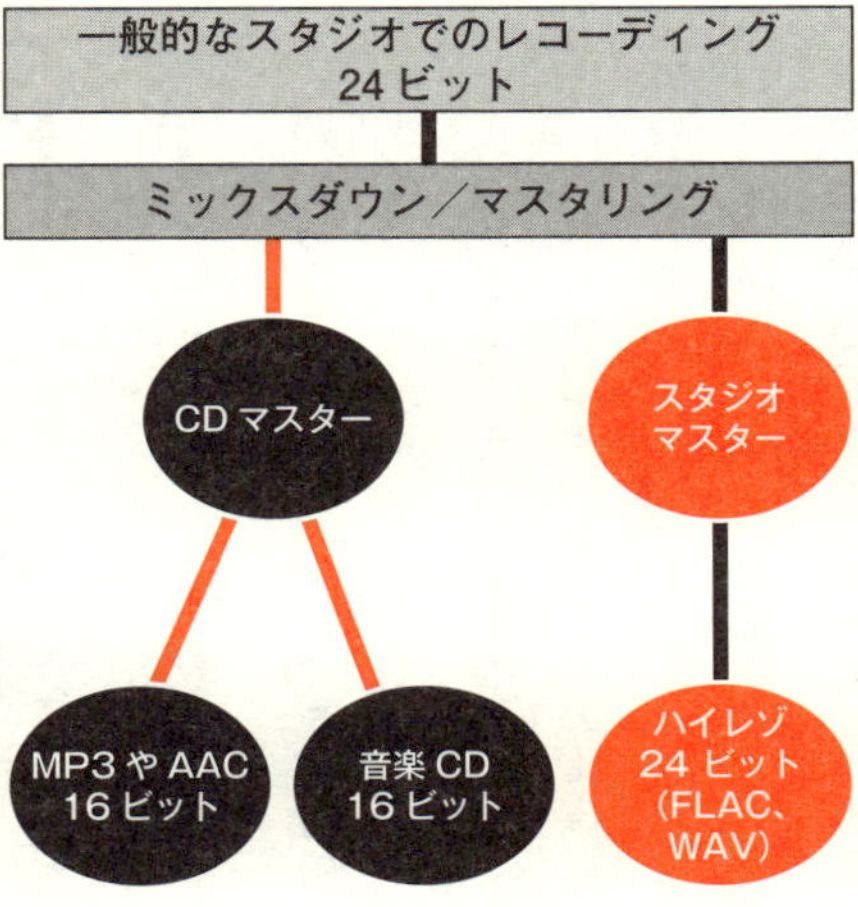

◀実際の音楽制作工程の一例。ミュージシャンによりレコーディングされた音源は、ミックスダウン(楽曲のバランス調整)という工程を経てマスターを作成し、一般向けのデータを作成します。「CDマスター」より下流では量子化ビット数が16ビットにダウングレードされるのに対し、ハイレゾの工程はレコーディング時と同じ24ビットが維持されます。

042

ハイレゾはどのように生まれた？

KeyWord

DVD-Audio

SACD

ハイレゾはつい最近になって現れた規格のように感じる人も多いと思いますが、その歴史は意外と古く、**音楽CDの上位版、高音質版として策定された規格であるDVD-Audioと、Super Audio CD（SACD）に起源があります。**

どちらも従来の音楽ＣＤの約7倍の容量となる円盤状の光学式メディアに音楽データを記録する規格で、容量が大きいぶん、音楽ＣＤの仕様（17ページ）を大きく超える高音質な音楽データを収録できます。

ところがＰＣオーディオ的な観点でいうと、これらの規格は音楽ＣＤのように手軽なものではありませんでした。なぜならコピー防止の仕組みが施され、「リッピング」ができなかったからです。そして今、配信サービスなどから入手できるようになった「ハイレゾ」と呼ばれる音楽ファイルは、**実はこれらの規格に収録されていたものと同じデータ**なのです。

ここに注目!

音楽CDの高音質化パッケージがベースとなった

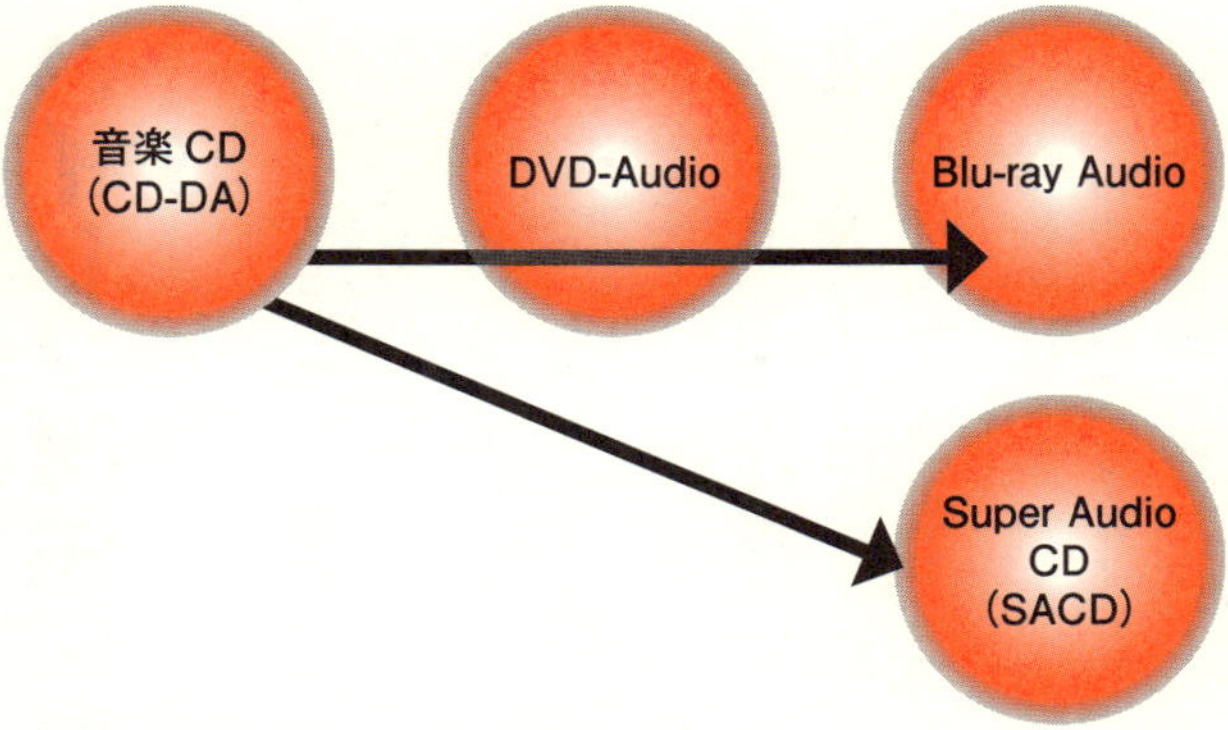

▲音楽CDの高音質化パッケージとして登場した規格は、収録する音楽データの記録方式の違いからPCM方式のDVD-Audioと、DSD方式のSACDの2系統に分かれます。DVD-Audioの系列では、さらに収録可能なデータ量が多いBlu-ray Audioという規格も登場しています。PCMとDSDについては、28ページを参照してください。

	音楽CD	DVD-Audio	Blu-ray Audio	SACD
データ方式	リニアPCM	リニアPCM	リニアPCM	DSD
データ容量	最大 約700MB	約4.7GB	最大 約128GB	約4.7GB
量子化ビット数	16ビット	24ビット 以上	24ビット 以上	1ビット
サンプリング周波数	44.1kHz	96kHz以上	96kHz以上	2822.4kHz
ビットレート	1411.2kbps	4608kbps	4608kbps	5644.8kbps

▲音楽CD以外の規格に収録されるデータは、現在「ハイレゾ」として配信されているものと同じ仕様に則っています。SACDは専用のプレーヤーが必要ですが、それ以外の規格は、一般的なDVD／Blu-rayプレーヤーで再生できます。

043

ハイレゾ再生に必要な機器は？

KeyWord

容量

USB DAC

ハイレゾをＰＣで楽しむために必要な機材にはどんなものがあるのでしょうか。ＭＰ３やＡＡＣといった圧縮音源、音楽ＣＤまでであれば、スピーカーを内蔵したＰＣで最低限事足りていました。しかし、ハイレゾの高精細な音を聴くにはそれだけでは不十分です。

まずはＰＣ本体。現在のＰＣは基本的な性能は十分ですが、ハイレゾはファイルサイズが大きいため、内蔵ディスクの容量も多いに越したことはありません。**必要に応じて、外付けのハードディスクなどの拡張も検討しましょう。そしてハイレゾのデータを処理するUSB DACは必須です。**ハイレゾ対応製品の多くは、ハイレゾ対応と製品に明記されています。明記されていない場合でもスペックをチェックするとすぐに対応／非対応かはわかります。

最終出力となるスピーカー、ヘッドフォン、イヤフォンは、できれば試聴してみて、見極めるのが一番です。

ここに注目! ハイレゾ対応のUSB DAC／アンプ スピーカー／ヘッドフォンを用意する

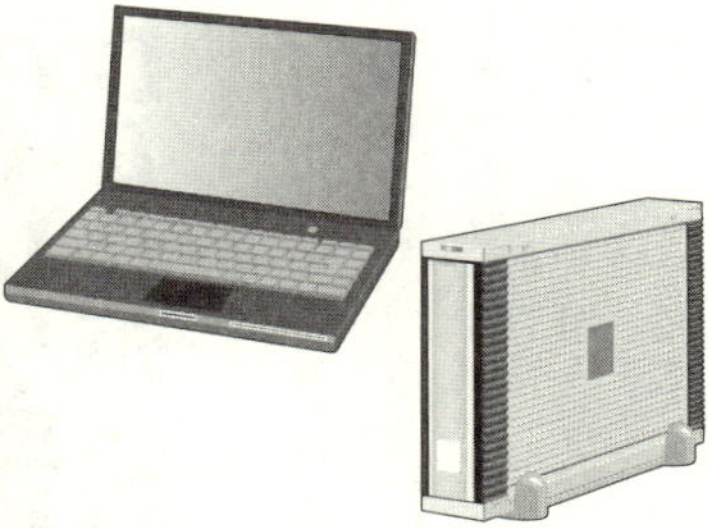

◀PC本体は、ハイレゾ再生に対応する再生ソフト（108ページ）が動作するスペックを満たしていれば十分です。ハイレゾの音楽ファイルを保存する記憶領域は確保しておきましょう。

◀USB DACの選択に迷った場合は、「ハイレゾ対応」が明示されているものを選ぶとよいでしょう。

◀スピーカーやヘッドフォン、イヤフォンは実際に試聴して選択するのが重要です。

044 ハイレゾ再生にはDACが必要

ハイレゾの再生には**USB DAC**が欠かせません。ＵＳＢ ＤＡＣには据え置き型とポータブル型がありますが、据え置き型は別途アンプと組み合わせて好みの音にチューニングするという楽しみ方もできます。また、ポータブル型はバッテリーとアンプが一体化した小型の製品が多く、外出先のパソコンにつないでハイレゾを再生できることはもちろん、スマートフォンと接続して、いつでもどこでもハイレゾを再生できるというメリットがあります。

機器選びに当たっては、使用する**OSが対応しているかどうか**を確認します。また、ＰＣＭのデータであれば対応する**最大サンプリング周波数**、**量子化ビット数**を確認しておきましょう。さらに、使用するソフトへの対応状況も重要です。製品の中には、動作確認済みソフトを明記しているものや、ＤＳ-ＤＡＣ-１００ｍなど、**専用の再生ソフト**を公式サイトで配布しているものもあります。

KeyWord

OS

PCMスペック

ここに注目! 本書おすすめDACと購入時のポイント

メーカー	製品名	PCMスペック	DSD対応	Android対応	iPhone対応	実売価格
Creative Technology	Sound Blaster E5	24bit/192kHz		○	○	20,000円前後
ONKYO	DAC-HA200	24bit/96kHz		○	○	20,000円前後
OPPO Digital Japan	HA-2	32bit/384kHz	○	○	○	43,000円前後
KORG	DS-DAC-100m	24bit/192kHz	○			15,000円前後
KORG	DS-DAC-100（据え置きタイプ）	24bit/192kHz	○			34,000円前後
ティアック	UD-301（据え置きタイプ）	32bit/192kHz	○			32,000円前後
DENON	DENON DA-300USB（据え置きタイプ）	32bit/192kHz	○			38,000円前後

▲本書でおすすめするDAC。PCMのスペックの値が大きくなるほど、一般的に高価になります。6章の116～121ページでは、「Sound Blaster E5」を利用して解説、122～131ページでは、「DS-DAC-100m」を利用して解説しています。

- ☑ 使用するOSが対応しているかどうか
- ☑ 対応する最大量子化ビット数、サンプリング周波数の値
- ☑ 据え置き型かポータブル型か
- ☑ 対応する再生ソフト

▲選択時の注意点

045 ハイレゾ再生に必要なソフトは？

ハイレゾ再生に必要なソフトの条件は、**非圧縮、あるいは可逆圧縮の音楽ファイルを再生できること**です。その意味では、ＡＬＡＣ（Ａｐｐｌｅロスレス）、ＷＡＶ、ＡＩＦＦの再生に対応するｉＴｕｎｅｓでも事足ります。しかしｉＴｕｎｅｓでも工夫しだいでＡＬＡＣによるハイレゾの再生が可能ですが、ハイレゾの一般的な配信形式であるＦＬＡＣに対応していないことから、ｉＴｕｎｅｓ以外のソフトを利用した方が便利です。

ハイレゾ対応の再生ソフトは数多くありますが、**Ｗｉｎｄｏｗｓでは「ＭｕｓｉｃＢｅｅ」、Ｍａｃでは「ＶＯＸ」がおすすめです。**どちらも無料で入手できるソフトで、ｉＴｕｎｅｓが対応していないさまざまな音楽ファイル形式に対応しています。

とくにＭｕｓｉｃＢｅｅは、統合型ソフトとして完成度が高く、エンコーダーの追加でさまざまな音楽ファイルに対応できることも魅力の１つです。

KeyWord
MusicBee
VOX

ここに注目! WindowsではMusicBee MacではVOXが最適

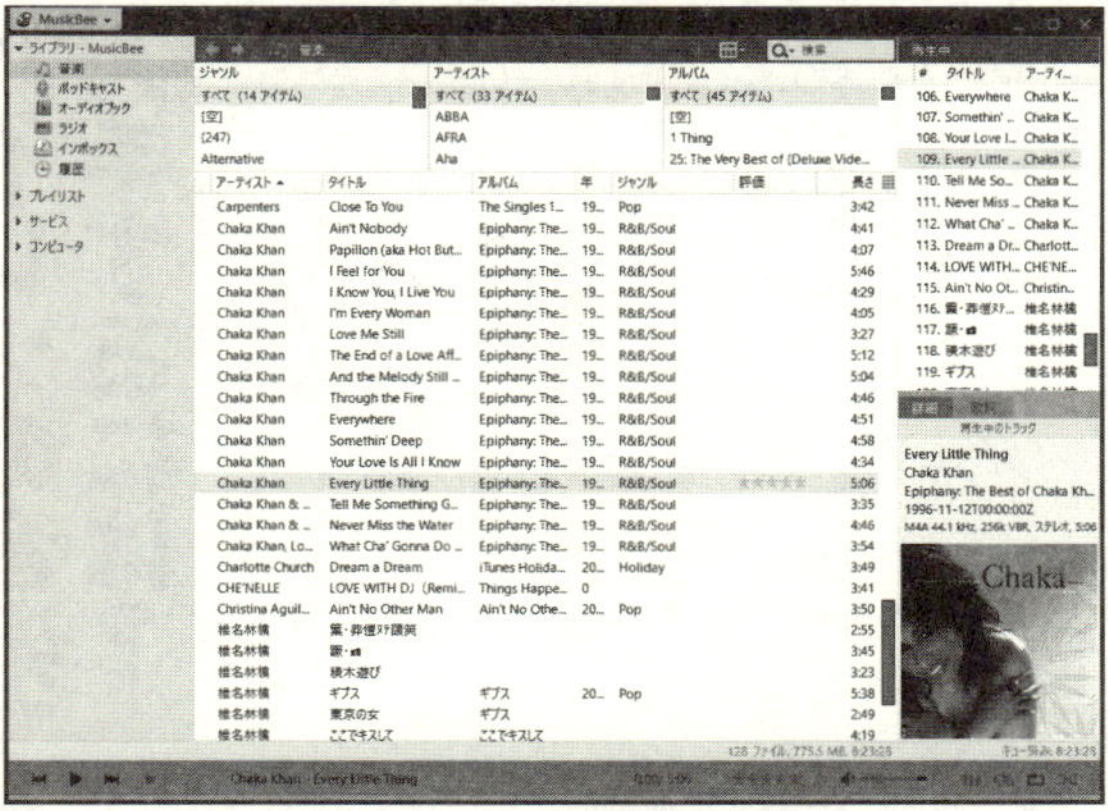

▲多機能音楽管理／再生ソフトの「MusicBee」。そのままでもFLACをはじめとするハイレゾを再生でき、エンコーダーの追加でALAC（Appleロスレス）の再生にも対応します（98ページ）。

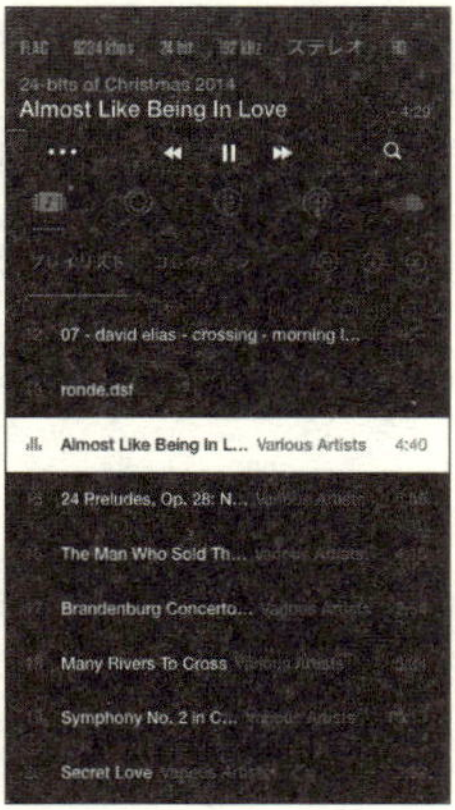

◀Macではめずらしい、無料のハイレゾ対応再生ソフトの「VOX」。音楽の管理機能は貧弱ですが、iTunesのライブラリを読み込んで再生できます。

046

ハイレゾの音楽ファイルを入手するには？

KeyWord

配信サービス

ダウンロード

DVD-AudioやSACDなどの「ハイレゾメディア」からPCにリッピングすることはできません。**PCでハイレゾを楽しむには、必然的に音楽配信サービスから音楽ファイルをダウンロードする**ことになります。

現在ではハイレゾを扱うサービスが増えており、各サービスは利用のしやすさ、取り扱っている楽曲数やアーティストの多さなどで質を競い合っている状況です。

主なハイレゾ対応音楽配信サービスは次ページの表のとおりです。**いずれもWebブラウザでアクセスでき、会員登録をすることで曲を購入する**ことができます。また、サービスによってはスマートフォンやタブレットから曲を購入するための専用アプリを配布している配信サイトもあり、時間や場所を問わず、いつでもハイレゾを入手、再生できる環境が整いつつあるといえるでしょう。

ここに注目! ハイレゾ配信サービスから音楽ファイルをダウンロードする

◀豊富な圧縮音源の楽曲に加え、新たにハイレゾの配信も開始した「mora」。

サービス名	URL	説明
mora	http://mora.jp	圧縮音源とハイレゾを扱う。ソニー系アーティストの楽曲が充実している。
e-onkyo music	http://www.e-onkyo.com/music/	全曲ハイレゾの配信サービス。国内外の楽曲を配信する。
VICTOR STUDIO HD-Music	http://hd-music.info	比較的新しいサービスながら、多彩なジャンルの楽曲を配信。とくに邦楽が充実している。
OTOTOY	http://ototoy.jp/	インディーレーベルの楽曲を扱うなど、ほかのサービスにはないラインナップが特徴である。
HQM STORE	http://www01.hqm-store.com/	クラシックやジャズなどを中心に国内外のアーティストを取り扱う。
Linn Records	http://www.linnrecords.com	海外オーディオメーカーによる配信サービス。ALACでの配信にも対応する。
CHANNEL CLASSICS RECORDS	http://www.channelclassics.com	クラシック音源を中心に取り扱う。同一楽曲でサンプリング周波数の異なるファイルを用意する。

▲主なハイレゾ配信サービス

047 ハイレゾの音楽ファイルを購入する

音楽配信サービスを利用するには、**事前にユーザー登録の手続きが必要**です。手続きが済んだら、配信されているハイレゾの音楽ファイルを購入してみましょう。曲の価格は配信サービスによって異なりますが、左ページで解説しているｍｏｒａの場合、１曲３２４円から５４０円、アルバムは１枚４０００円前後で販売されています。ちなみに、圧縮形式の音楽ファイル（ｍｏｒａの場合はＡＡＣ形式）の場合は、１曲２５７円、アルバム１枚２０００円前後となっており、**ハイレゾの音楽ファイルは圧縮音源よりも高価です。**

また、サービスによっては、**同一楽曲がハイレゾファイルと圧縮形式の音楽ファイルで用意されていることがある**ため、混同しないようにしましょう。なお、配信サービスによっては**ダウンロードできる回数が制限**されているので、ダウンロード後は忘れずにバックアップしておきましょう。

KeyWord

ユーザー登録

ファイル形式

ここに注目! 曲名／アーティスト名などで検索して購入する

◀moraの場合、手続きはトップページの「サインイン／設定」のバナーをクリックして始めます。とくに難しいことはなく、画面に表示される案内に従って操作するだけで手続きは完了します。

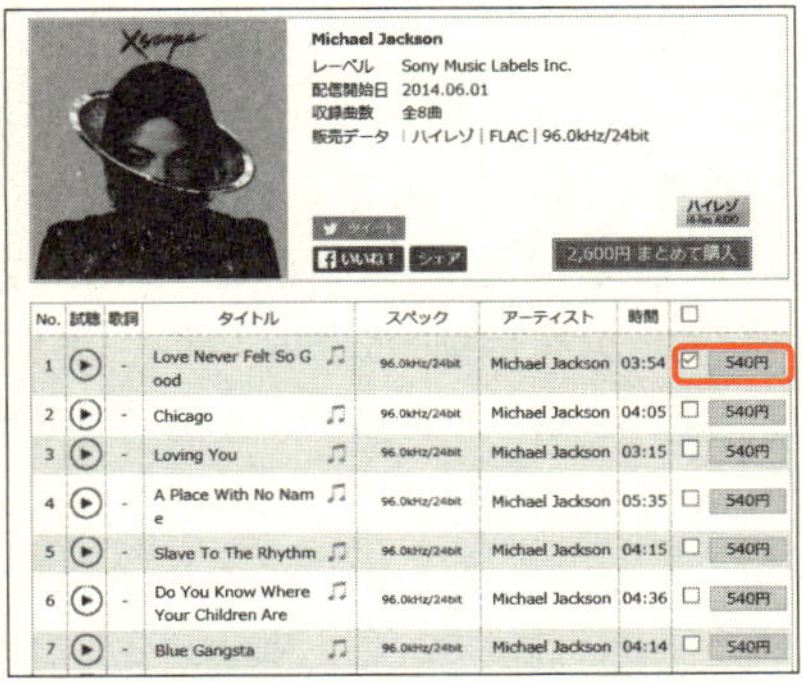

◀▼配信サービスのトップページにある検索ボックスに曲名、アーティスト名などを入力して検索します。曲が見つかったらカートに入れて、購入手続きに進みます。決済方法を登録していない場合は、続けてクレジットカード情報などを入力すると、ダウンロードが開始されます。

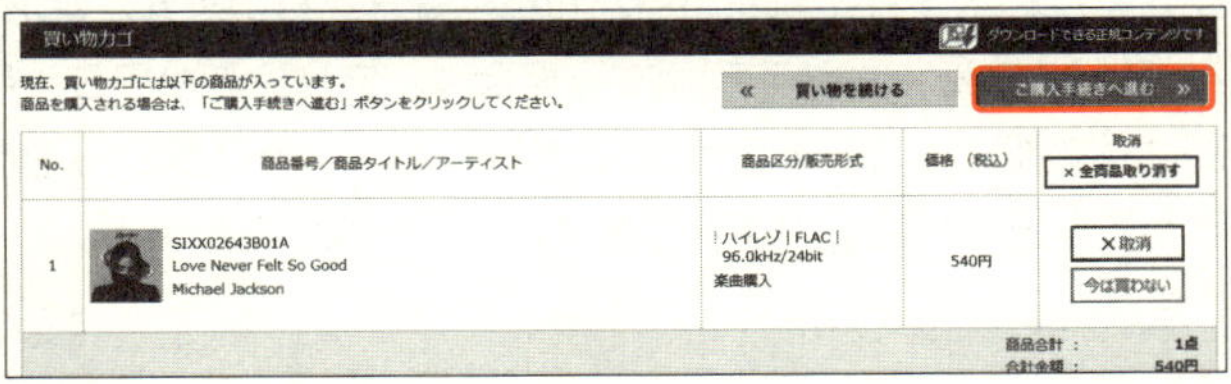

Column

コラム 5

Apple Musicを利用する

Apple Musicは、定額制の音楽配信サービスで、月額980円で利用できます。こうしたサービスは「サブスクリプション」と呼ばれるもので、各社から同様のサービスが開始され、流行の兆しを見せています。

Apple Musicでは、洋楽や邦楽、ミュージックビデオなど、常時数万点以上のラインナップの中から、好きな曲を聴く、見ることができるほか、気に入った曲はプレイリストにまとめることができます。また、音楽ライブラリの同期機能も付属していて、iTunesに読み込んだ曲をすべて、同一のApple IDでサインインしている端末（ほかのPCや、iPhoneやiPadシリーズなど）に自動的に同期して、いつでも、どの端末からでも、好きな曲、好きなプレイリストを再生できるなど、音楽好きにはたまらないサービスとなっています。

Apple Musicを利用するには、iTunesで「New」をクリックすると表示される画面から、利用手続きを行います。なお、Apple Musicを初めて利用する場合は、申し込みから3ヶ月間は体験版として無料で利用できるので、まずは使い心地を試してから本格的に利用するか検討してもよいでしょう。

第6章

[ハイレゾ編]

PCで「ハイレゾ」を楽しもう

048

Windowsでハイレゾを再生する

KeyWord

ドライバー

Vista 以降

あらためて、ハイレゾを再生するための環境についておさらいしておきましょう。104から109ページまでで解説したとおり、ハイレゾをハイレゾの音として再生するには、ハード、ソフト双方をハイレゾ対応にする必要があります。

USB DACやアンプ、スピーカー、イヤフォン、ヘッドフォン、そしてPCを揃えたら、まずは左ページの図のようにそれぞれの機器を接続します。

この中で**USB DACは、使用する前にPCにUSB DACのドライバーをインストールします。**詳細はメーカーのWebページや製品マニュアルなどで確認してください。

PCは、なるべく**Windows Vista以降がインストールされたマシンを使います。**Windows XP以前は、高品位なAPI（30ページ）であるWASAPIやASIOに非対応だからです。また、音声の出力先をUSB DACに切り替えます（118ページ）。

ここに注目! ハイレゾ対応製品にして出力先を設定する

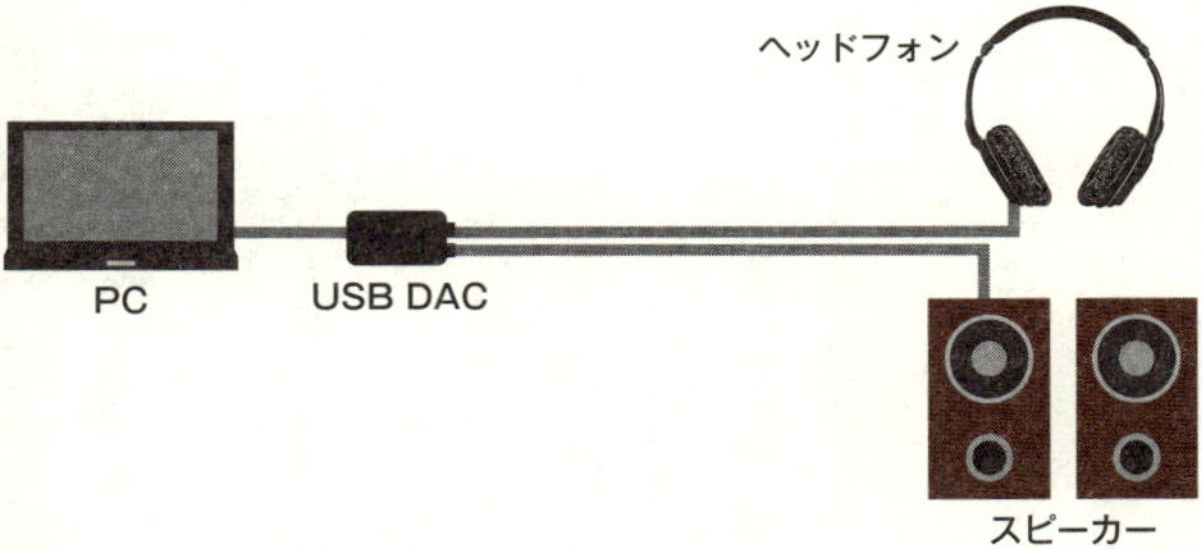

▲PCでのハイレゾ再生環境の例。USB DACにヘッドフォンアンプが組み込まれている場合やアンプ内蔵スピーカーの場合、アンプは必要ありません。本書では、Windows 10搭載PCに、USB DACの「Sound Blaster E5」、アンプ内蔵スピーカーの「Time Domain mini」を接続した環境で検証しています。

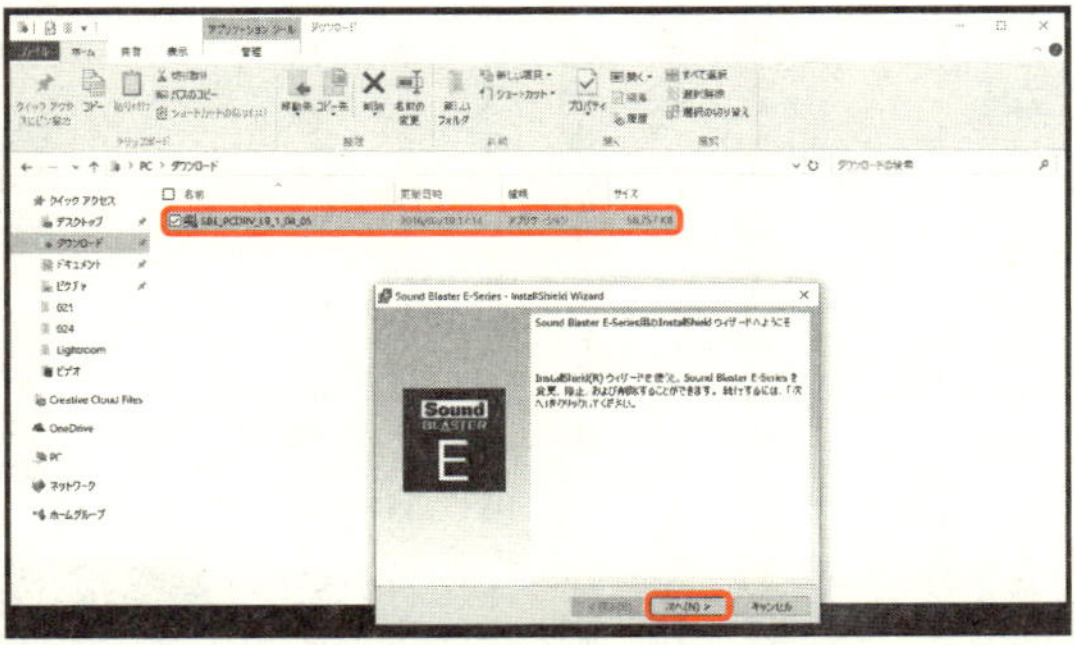

▲USB DACをパソコンで使えるようにするには、事前にドライバーをインストールします。ドライバーは多くの場合、メーカーのWebページから無料でダウンロードできます。

049 音声の出力先を確認／変更する【Windows】

KeyWord

USB DAC

コントロールパネル

ハイレゾに必要なハードを設置、接続したら、PCのオーディオ設定を確認します。ここでは、**音声の既定の出力先が内蔵スピーカーではなく、USB DACになっているか**、そして**USB DACがハイレゾ再生が可能なサンプリング周波数、量子化ビット数に対応しているかを確認**します。

Windowsの場合、**コントロールパネルの「サウンド」**にて設定を変更します。利用するソフトによっては、「サウンド」で既定の出力先を選ばなくても、ソフト側で出力先にUSB DACを選択できます。しかし、iTunesなど、出力先を選択する設定項目がないソフトもあるので、そうしたソフトを使う場合には**既定の出力先の設定が必要**になります。

また、サンプリング周波数などの設定ができない場合、USB DACのドライバーがインストールされていない可能性があるので、確認しましょう。

ここに注目! コントロールパネルからDACを選択／設定する

▲コントロールパネルの「ハードウェアとサウンド」をクリックして表示される画面で、「オーディオデバイスの管理」をクリックします。

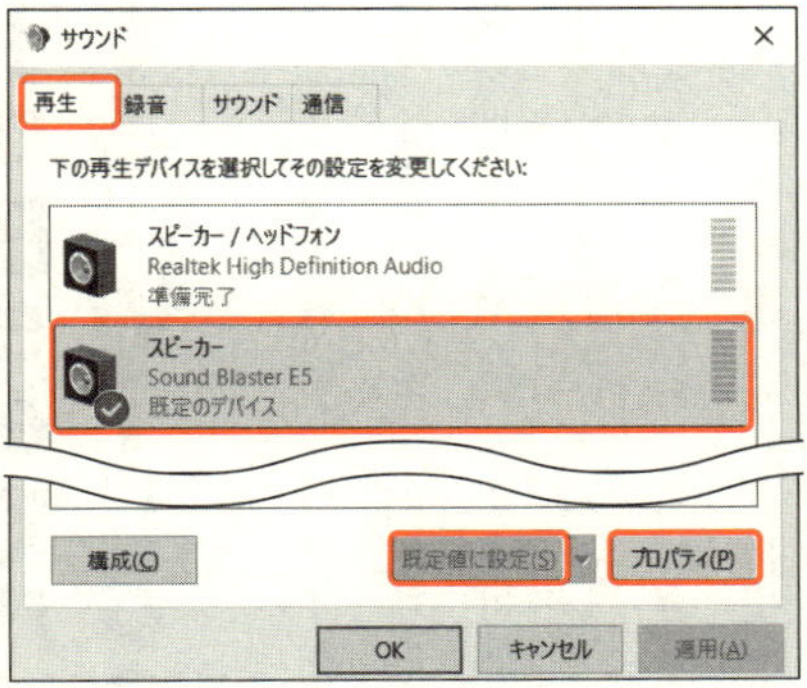

◀「再生」タブで、USB DACが「既定のデバイス」に設定されているか確認します。設定されていない場合は、USB DACを選択し、「既定に設定」ボタンをクリックして、「プロパティ」ボタンをクリックします。

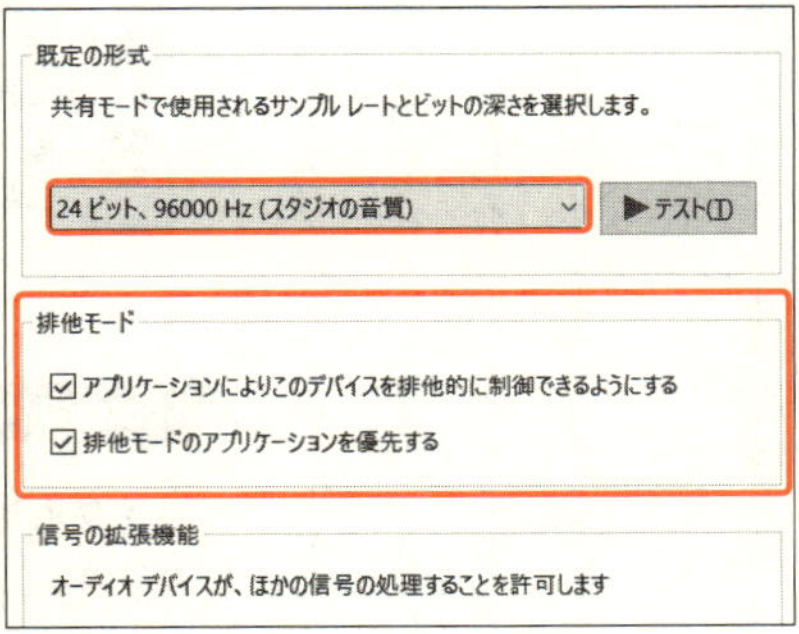

◀「詳細」タブの「既定の形式」で「USB DACの仕様の最高の値」を選択して、「OK」をクリックします。選択する値は、USB DACの仕様に合わせてください。foobar2000（142ページ）などのWASAPI排他モード対応ソフトを使う場合は、「排他モード」の2つの項目のチェックをオンにしておきます。

050

MusicBeeでハイレゾを再生する【Windows】

KeyWord

読み込み

コントローラー

MusicBeeでは、ハイレゾの音楽ファイルも再生できます。事前に82ページから95ページの手順に従って、MusicBeeをPCにインストールして、必要な設定を済ませておきましょう。

MusicBeeに**ハイレゾの音楽ファイルを読み込めば、以降の手順は音楽CDからリッピングした音楽ファイルと同じ**です。メインウィンドウ左側にあるライブラリの「音楽」をクリックして表示される曲の一覧で、ハイレゾの音楽ファイルをダブルクリックすると再生が開始されます。リピート、シャッフル再生も可能です。もちろんプレイリストでハイレゾの音楽ファイルを管理することもできます。

再生中はメインウィンドウ下端に表示される**コントローラー**を使って一時停止などを行います。それ以外の再生に関する機能は、メニューの「コントロール」をクリックすると表示されるサブメニューに、すべてまとめられています。

ここに注目! 再生方法はリッピングした音楽ファイルと同じ

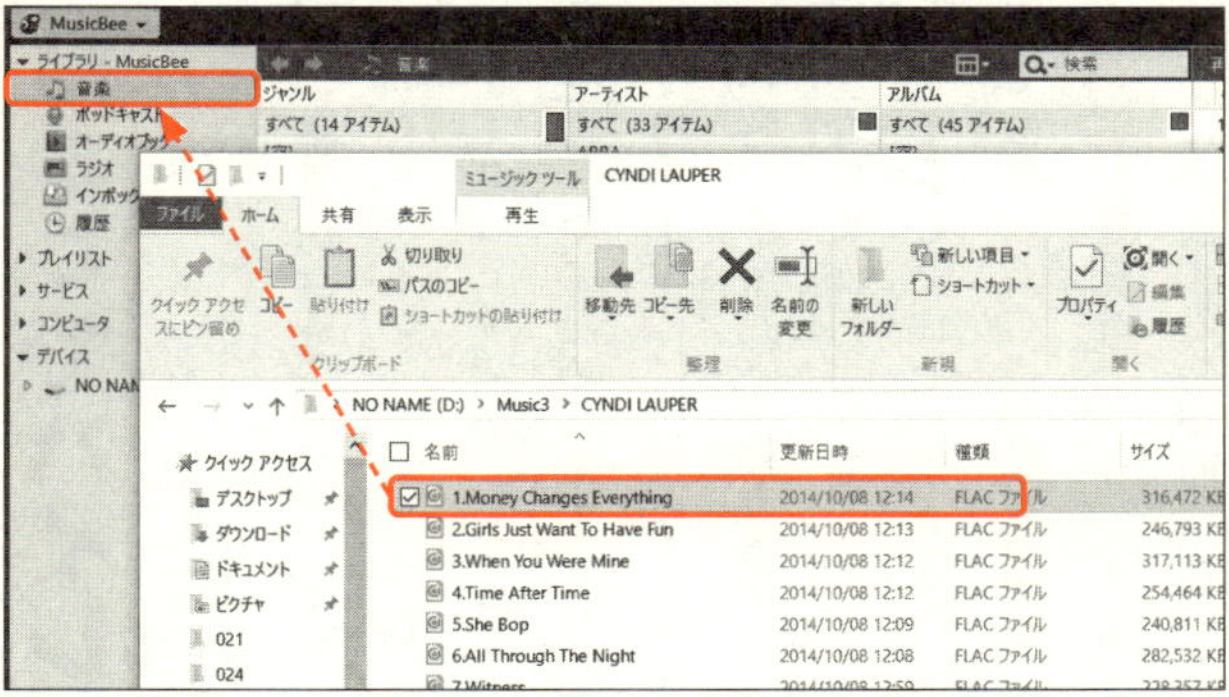

▲ダウンロードしたハイレゾのファイルを、ライブラリの「音楽」にドラッグ&ドロップします。

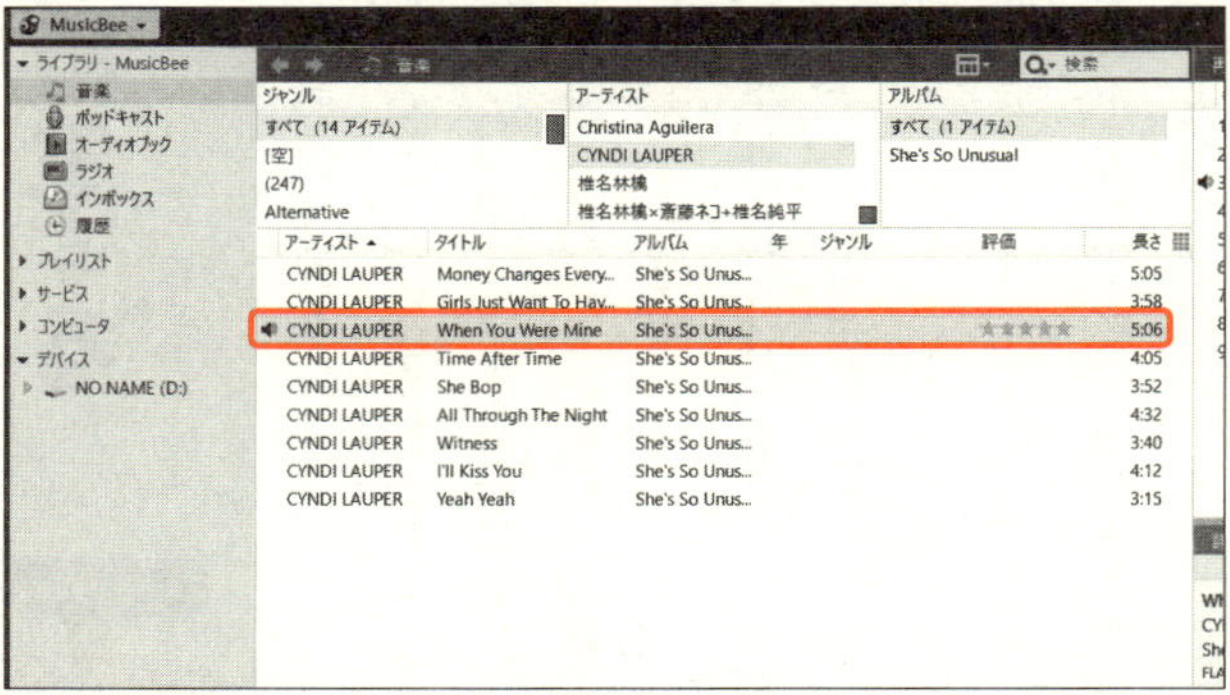

▲再生方法は、96ページで解説している方法と同じです。曲をダブルクリックして再生します。

051

Macでハイレゾを再生する

KeyWord
VOX
iTunes

Macには「標準の音楽プレーヤー」としてiTunesがインストールされていますが、iTunesではFLACは再生できません。そのため、iTunesでハイレゾを再生するには、FLACをALACに変換する必要があります。

ただし数は少ないながらも、MacでFLACを再生できる優れたソフトはあります。本書では**FLACに対応する無料ソフト「VOX」**を紹介します。FLACをALACに変換するのが面倒という方は試してください。

なお、Macは、**標準のAPIである「Core Audio」が高性能なので、WindowsのようにAPIの設定変更を行う必要はありません。**

ハード面では、Windowsと同様に、ハイレゾの再生に対応したUSB DACやスピーカーやヘッドフォンなどが必須です。なお、USB DACの接続、およびドライバーのインストールは事前に行っておきます。

ここに注目！ ハイレゾ対応製品でVOX／iTunesを活用する

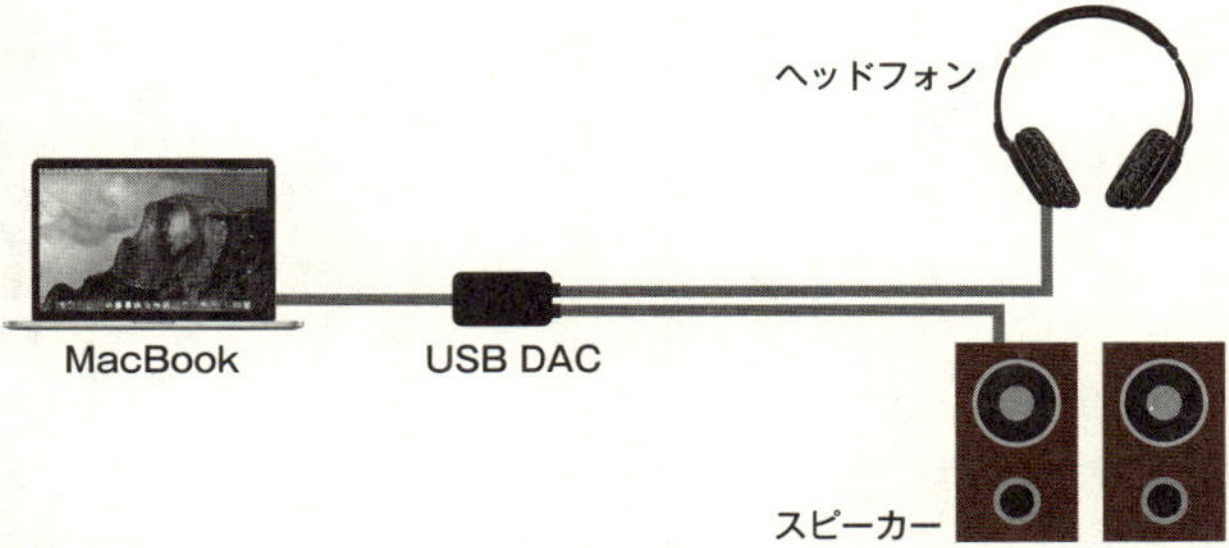

▲Macでのハイレゾ再生の例です。USB DACにヘッドフォンアンプが組み込まれている場合やアンプ内蔵スピーカーの場合、アンプは必要ありません。本書では、OS X 10.10.2 Yosemite（125ページ）で、USB DACの「KORG DS-DAC-100m」、アンプ内蔵スピーカーの「Time Domain mini」を接続した環境で検証しています。

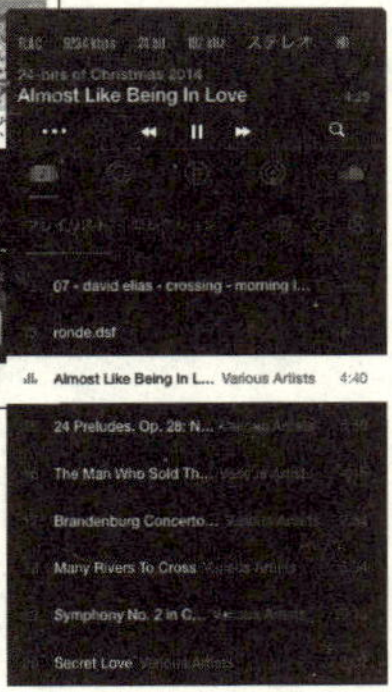

▲Macの場合、使用するソフトのバリエーションの少なさが懸案になりがちですが、FLACを再生可能な無料ソフトの「VOX」は十分な性能を備えています。ちなみに、FLACをALACに変換すれば、iTunesでもハイレゾを再生できます。

052 ドライバーをインストールする【Mac】

KeyWord
ドライバー
ダウンロード

Ｗｉｎｄｏｗｓと同様に、ＭａｃでＵＳＢ ＤＡＣを使う場合は、事前にドライバーのインストールが必要な機種があります。**ほとんどのUSB DACは、メーカーの公式サイトでドライバーを入手できる**ので、最初にダウンロードしておきましょう。

ここでは、一例としてＫＯＲＧ社のＵＳＢ ＤＡＣ「ＤＳ－ＤＡＣ－１００ｍ」で解説します。そのほかのＵＳＢ ＤＡＣも同様です。なお、ＫＯＲＧ社のＵＳＢ ＤＡＣ製品をＭａｃに接続し、アクティベーションを受けると、通常は有料のハイレゾ再生ソフト「ＡｕｄｉｏＧａｔｅ ４」が無料で使えるようになります。

インストーラーをダブルクリックすると、ドライバーの組み込みが開始されます。画面の指示に従って操作をすることで、ドライバーの組み込みが完了します。ドライバーの組み込みが終わったら、ＵＳＢ ＤＡＣの電源を入れてＭａｃのＵＳＢポートに接続します。

ここに注目！ メーカーの公式サイトからダウンロードし画面の指示に従う

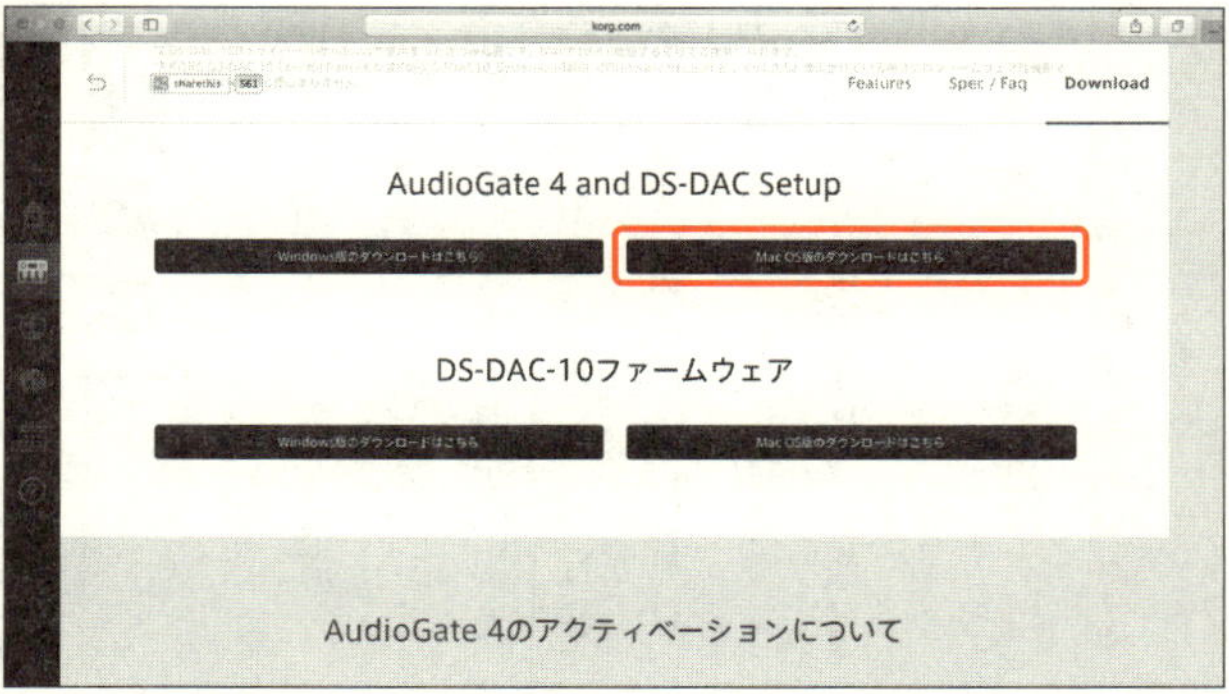

▲KORG社の公式サイトにアクセスし（http://www.korg.com/jp/products/audio/audiogate4/download.php）、「Mac OS版のダウンロードはこちら」をクリックし、表示される次の画面でダウンロードを実行します。

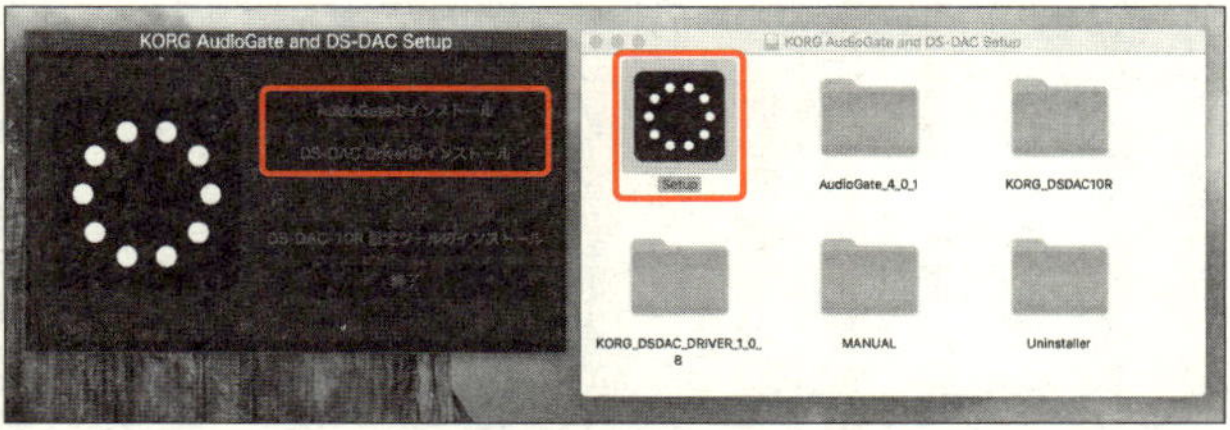

▲ダウンロードしたファイルを展開して、インストールします。なお、AudioGate 4はKORG社のUSB DACなしでも無料で利用できますが、再生時のサンプリング周波数は最大48kHzに制限されます。

＊なお、ここでは、OS X 10.10.2 Yosemiteで行っております。OS X El Capitan対応の正式ドライバーは、2016年6月にリリースされる予定です。詳しくは http://www.korg.com/jp/news/2016/0218/ をご覧ください。

053

音声の出力先を確認／変更する【Mac】

KeyWord

Audio MIDI設定

最大値

ハイレゾ再生に必要なハードを設置／接続したら、Ｍａｃのオーディオ設定を変更します。最初に、音声の既定の出力先が内蔵スピーカーではなく、ＵＳＢ ＤＡＣに設定します。次に、ＵＳＢ ＤＡＣへの出力をハイレゾ再生可能なサンプリング周波数および量子化ビット数に変更します。

Ｍａｃの場合、**オーディオ設定は、標準でインストールされている「Ａｕｄｉｏ ＭＩＤＩ設定」というソフトから行います。**ｉＴｕｎｅｓでハイレゾを再生する場合、ここでＵＳＢ ＤＡＣを出力先として選択しておかないと、内蔵スピーカーを使った再生になってしまうので注意してください。

また、**同じ画面でサンプリング周波数と量子化ビット数を設定可能な最大値にしておきます。**初期設定ではともに「ＣＤ音質」の値になっているため、そのままではせっかくのハイレゾがＣＤ音質で再生されてしまうからです。

ここに注目! Audio MIDI設定から確認し出力の設定を行う

▲Audio MIDI設定は、Launchpadの「その他」フォルダ内のアイコンをクリックすると起動できます。

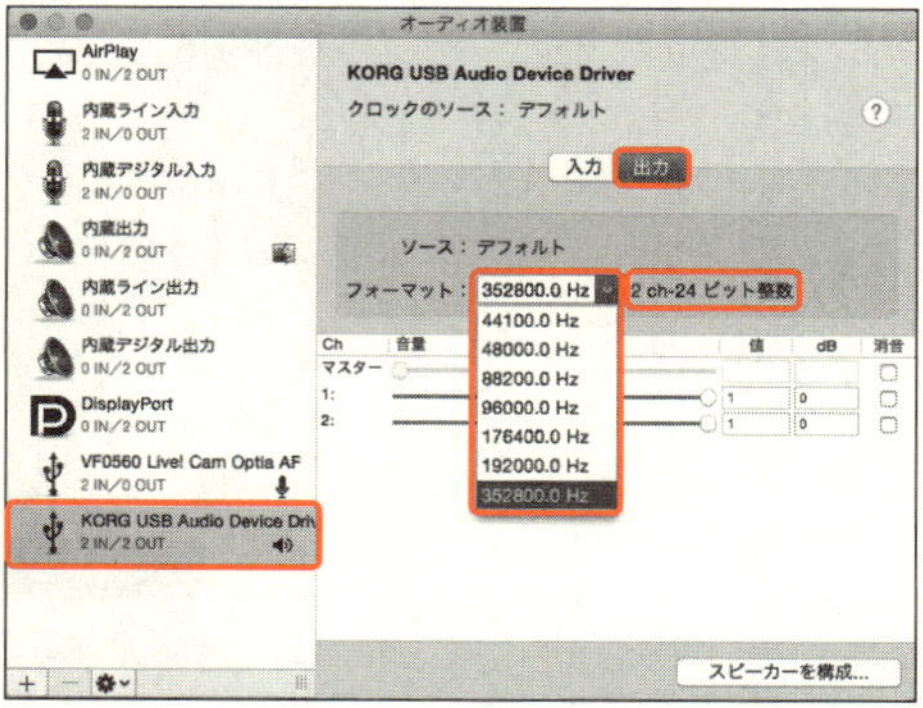

◀画面左の一覧から、USB DACを選択。画面右で「出力」をクリックし、「フォーマット」で設定可能な最大のサンプリング周波数、量子化ビット数を指定します。なお、Macでは音楽の出力先とOSの効果音の出力先を別々に設定できます。

054 VOXを導入する【Mac（VOX）】

KeyWord
ダウンロード
出力先

MacでiTunesに頼らず、ハイレゾの音楽ファイル形式であるFLACを変換せずに再生したい場合は、「VOX」というソフトがおすすめです。**VOXはiTunesに比べて動作が軽快ながら、FLACを高音質で再生できる点が特徴**で、ウインドウもミニマムサイズなので、作業中のBGM用途に使っても邪魔になりません。なお、VOXはOS Xバージョン10・9以降が必要です。

VOXはMac App Storeで無料で入手できます。ダウンロードからインストールまで一括で行えるので、すぐにVOXを使い始めることができます。なお、Mac App Storeを利用するには、事前にApple ID（72ページ）を使ってサインインします。

VOXをインストールしたら、初期設定を行います。「オーディオ」パネルの「基本」で、音声の出力先として使用するUSB DACを指定しておきましょう。

ここに注目! Mac App Storeからダウンロード／インストールし、出力先の設定を行う

▲Mac App StoreでVOXを検索し、「入手」ボタンをクリックしてインストールします。VOXは以下のURLから入手することもできます。
https://itunes.apple.com/jp/app/vox/id461369673?mt=12/

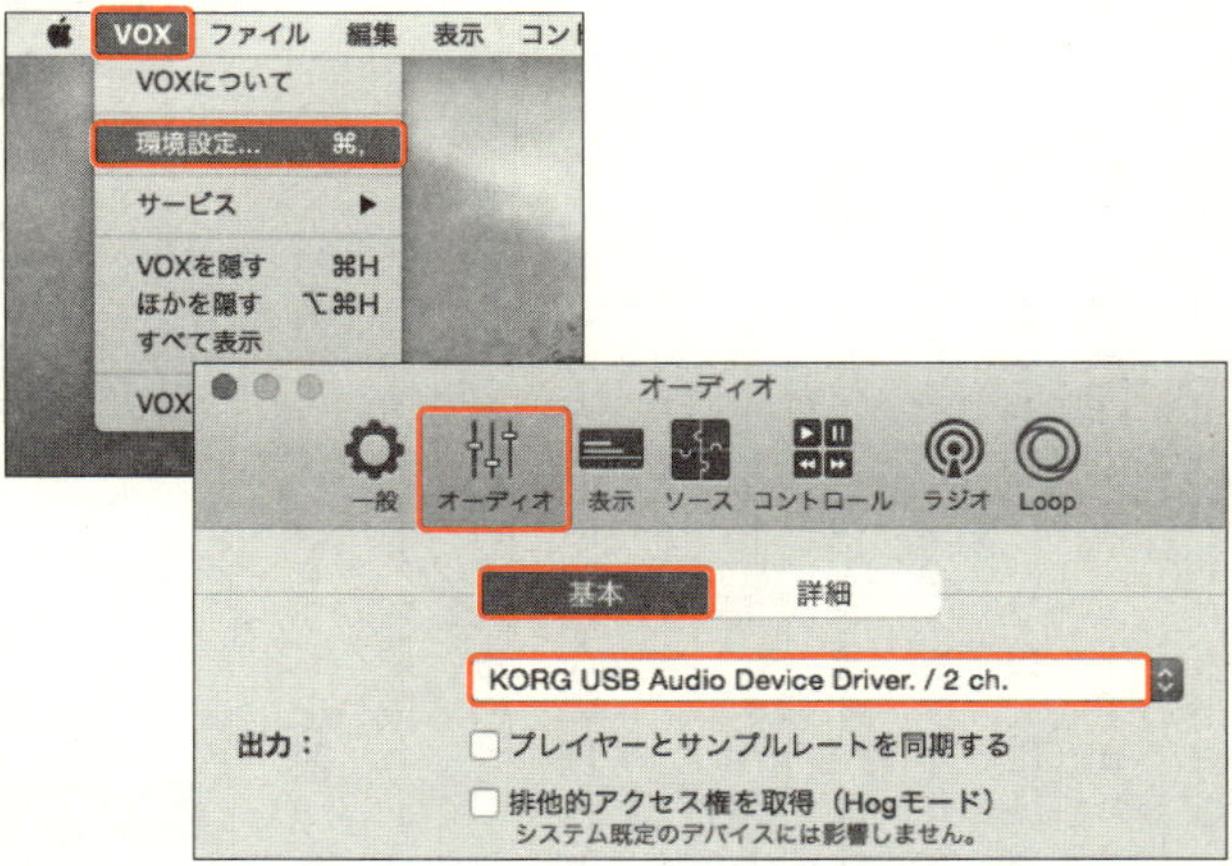

▲VOXをインストールしたら、「VOX」メニューの「環境設定」をクリックして環境設定を表示します。「オーディオ」パネルで「基本」をクリックし、「出力」で接続しているUSB DACを出力先として指定します。

055

曲を読み込んで再生する【Mac（VOX）】

KeyWord

ドラッグ&ドロップ

コントローラー

VOXにFLAC形式の音楽ファイルを読み込むには、ファイルをVOXのウインドウにドラッグ&ドロップします。また、ＦＬＡＣ形式の音楽ファイルをまとめたフォルダをドラッグ&ドロップすると、複数の音楽ファイルを一括して読み込むことができます。

読み込んだ音楽ファイルはウインドウに一覧表示されるので、目的の曲をダブルクリックして再生を開始します。再生／一時停止や曲のスキップは、ウインドウ上部の**コントローラー**を使って行います。また、ステータスメニューにもコントローラーが表示されるので、ＶＯＸのウインドウが最前面にない場合でも再生をコントロールできます。

ＶＯＸではｉＴｕｎｅｓのライブラリを読み込むこともできます。ｉＴｕｎｅｓで管理している音楽ファイルをすべて読み込んでおけば、ＶＯＸに読み込んだハイレゾだけでなく、ｉＴｕｎｅｓ内の曲もシームレスに再生できます。

ここに注目! ファイルなどをVOXにドラッグ＆ドロップし、コントローラーで再生する

コントローラーがミニマムサイズの場合、■をクリックして画面の形にします。

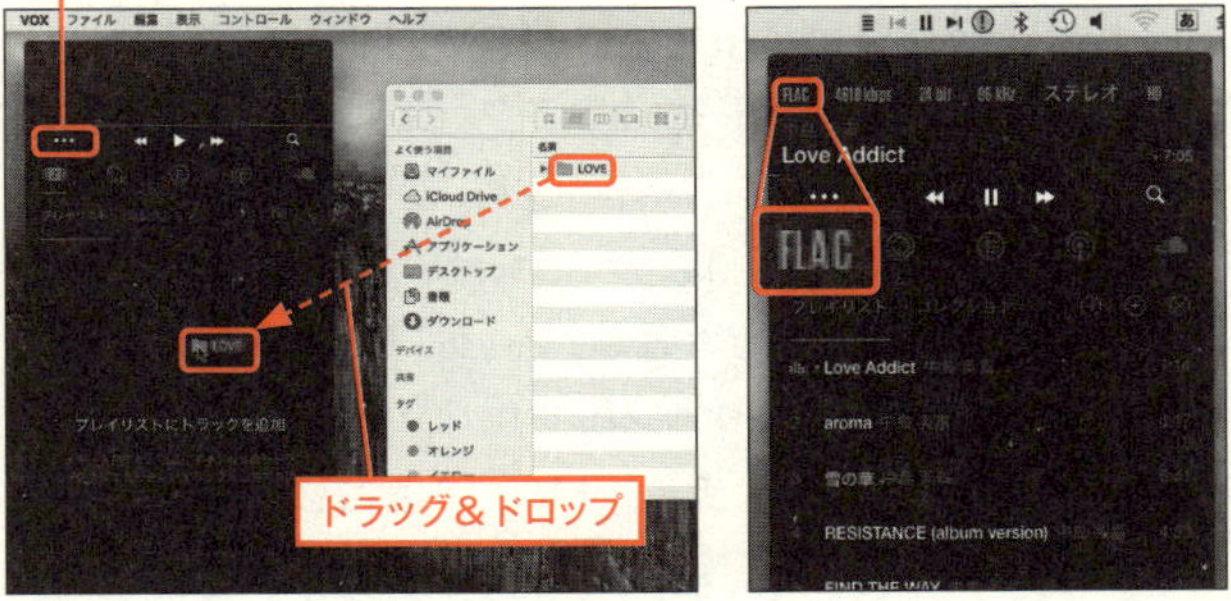

▲FLACの読み込みはドラッグ&ドロップで行います。 再生中はステータスメニューのコントローラーなどで操作し、シャッフル、リピート再生も可能です。

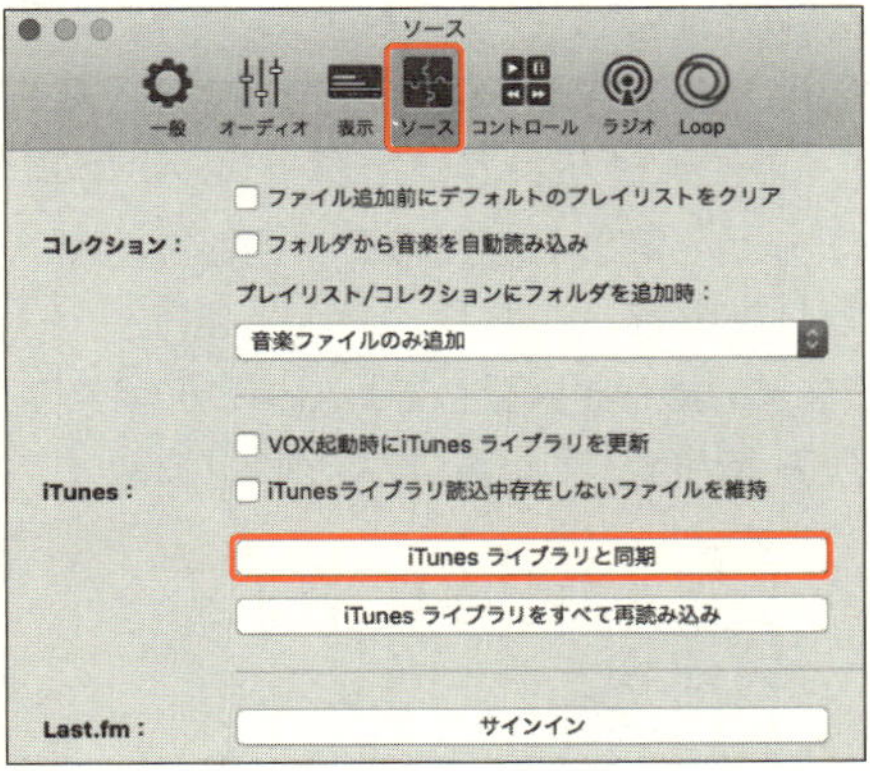

◀環境設定の「ソース」パネルで「iTunesライブラリと同期」をクリックすると、iTunesの音楽ファイルを一括してVOXに読み込み、再生できます。

Column

コラム

6

iTunesでいい音を聴く

ハイレゾの音楽ファイルも使い慣れたiTunesで管理したいという場合は、FLAC形式の音楽ファイルをiTunesが対応するAppleロスレス形式（ALAC）に変換します。

ALACに変換するには、Windowsの場合「Free Audio Converter」を使います。Free Audio Converterは公式サイト（http://www.freemake.com/jp/downloads/）から無料で入手できます。また、Macの場合は「X Lossless Decorder」を使い、こちらも作者のWebページ（http://tmkk.undo.jp/xld/）で無料配布されています。

どちらのソフトも、事前に変換後のファイル形式として「ALAC」を指定しておけば、ドラッグ＆ドロップによるかんたんな操作で、FLACをALACに変換できます。もちろん、FLACの音楽ファイルに付けられていたジャケット写真のデータや、曲名、アーティスト名などのタグ情報は、ALACに変換後も引き継がれます。

あとはUSB DACなどの機材を設置して、ALACの音楽ファイルをiTunesに読み込めば、iTunesでハイレゾの音楽ファイルを再生／管理できます。

第7章

[ハイレゾ編]

DSDを楽しもう

056 究極のハイレゾであるDSDとは？

KeyWord

量子化ビット数

サンプリング周波数

アナログ音声のデジタル記録方式には、「PCM」と「DSD」があります（28ページ）。PCMが既定のタイミングや周期でアナログ音声を記録するのに対し、**まったく異なる方法で記録するのがDSDです**。

DSDでは、量子化ビット数を「1」に固定しています。そのぶんサンプリング周波数を極端に上げることで、アナログの原音とほぼ変わらない音の記録を実現しています。**DSDのサンプリング周波数は2.8MHzですが、これは高品質なFLACの192kHzの15倍近い値です**。それだけ、DSDが高精細で高密度な音ということになります。なお、DSD音源の入手については、パッケージ化されているSuper Audio CD（SACD）がレコード店などで販売されていますが、強力なプロテクトがかかっており、リッピングできません。現実的にはネット配信を利用することになります。

ここに注目! サンプリング周波数が2.8MHzのデジタル記録方式

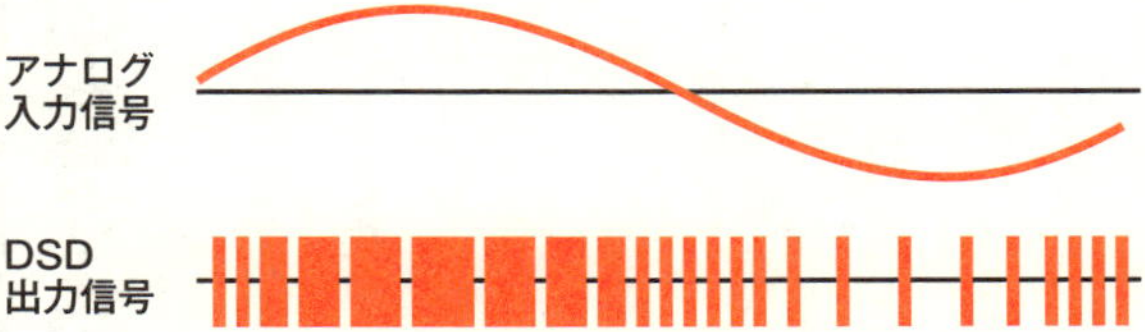

▲縞模様のように見えるのが、アナログ音源の波形に対するDSD（Direct Stream Digital）の記録イメージ。波形をデジタル化して再現するのではなく、音の密度を記録するのがDSDなので、無音部分にはデータがありません。サンプリング周波数が高いため、より臨場感のある精細な音を記録できます（出典：SONY Webサイト：http://www.sony.jp/audio/technology/tech_SACD_f.html）。

▲DSDで記録されたファイルは、拡張子が「.dff」「.dsf」になります。再生するには、DSDに対応するソフトが必要になります。Windowsではfoobar2000をカスタマイズしてDSD対応にできます。MacではAudioGate 4などのソフトを使って再生できます。

▲DSD音源は、DSD専門のハイレゾ配信サイト「1BIT COLLECTIVE」（http://1bitcollective.com/）などで入手できます。

057 ＤＳＤ対応のＤＡＣを用意する

ＤＳＤを再生する場合も、ＵＳＢ ＤＡＣ、もしくはＤＡＣ内蔵アンプが必要になります。製品選びの際は、**「ＤＳＤ対応」**が**明記**されているものを選びます。また、対応するＤＳＤの**サンプリング周波数**にも注意しましょう。ＤＳＤとして配信されている音楽ファイルは主に、サンプリング周波数が**「２・８ＭＨｚ」「５・６ＭＨｚ」「１１・２ＭＨｚ」**のものがあり（２０１６年３月現在）、値が大きいほど高音質になります。もちろん、使用するＯＳが対応しているかどうかも確認します。

さらに、ＤＳＤのデータ処理方法も製品によって異なります。ＤＳＤのデータを**ダイレクトに処理**できるものと、ＤＳＤのデータを**ＰＣＭに「偽装」**してＵＳＢ ＤＡＣに受け渡す（ＤｏＰ）ものがありますが、これらは必ずしもカタログなどに明記されていません。一般的に、ダイレクト型もＤｏＰ型も音質にあまり違いはないといわれています。

KeyWord

ダイレクト型

DoP型

ここに注目! おもにサンプリング周波数とデータ処理方法をチェック

▲DS-DAC-100m　KORG
15,000円前後

DSDのデータをダイレクトに取り込んでアナログ変換する「ネイティブ再生」対応製品です。サンプリング周波数は2.8/5.6MHzに対応しています。また、本製品を購入することで、一般に有料の再生ソフト「AudioGate 4」が無料で利用できるもの大きなポイントです。推奨DACは209ページでも紹介しています。

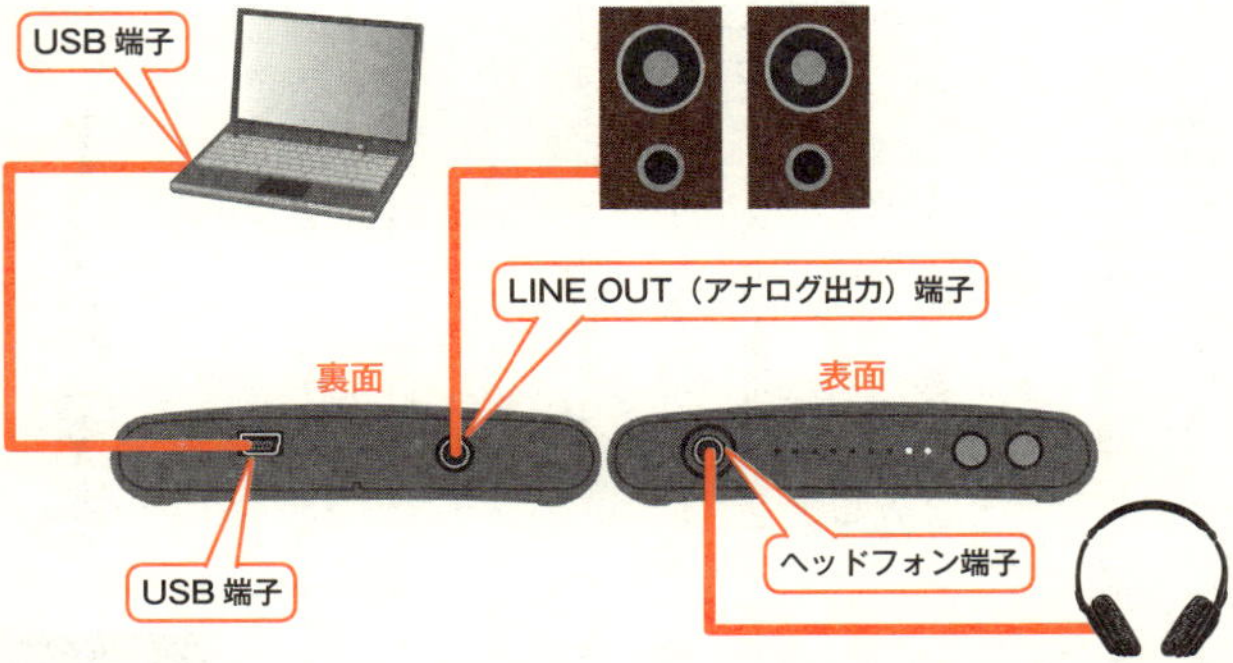

▲製品付属のケーブルを使って、DS-DAC-100mのUSB端子とPCのUSB端子をつなぎます。ヘッドフォンで音楽を聴く場合、DS-DAC-100mのヘッドフォン端子にヘッドフォンを接続し、アンプ、スピーカーを接続する場合は、LINE OUT（アナログ出力）端子にオーディオケーブルをつなぎます。

058 ドライバーをインストールする

KeyWord
ダウンロード
インストーラー

ＤＳＤに対応するＵＳＢ ＤＡＣを使う場合も、事前にドライバーのインストールが必要です。Ｗｉｎｄｏｗｓではドライバーのインストールは必須で、Ｍａｃでは機種によってはドライバーをインストールすることなく、Ｍａｃ本体に接続するだけで使えるものもあります。詳しくは製品のマニュアルを参照してください。**ほとんどのUSB DACは、メーカーの公式サイトでドライバーを入手できる**ので、最初にダウンロードしておきましょう。ここでは、ＫＯＲＧ社のＵＳＢ ＤＡＣ「ＤＳ－ＤＡＣ－１００ｍ」のドライバーをＷｉｎｄｏｗｓにインストールする方法を解説していますが、ほかのＵＳＢ ＤＡＣも同様です。Ｍａｃへのインストールは１２４ページを参照してください。ダウンロードした**インストーラーをダブルクリックしてインストールした後、USB DACの電源を入れてPCのUSBポートに接続する**と、利用できるようになります。

ここに注目! メーカーの公式サイトからダウンロードし画面の指示に従う

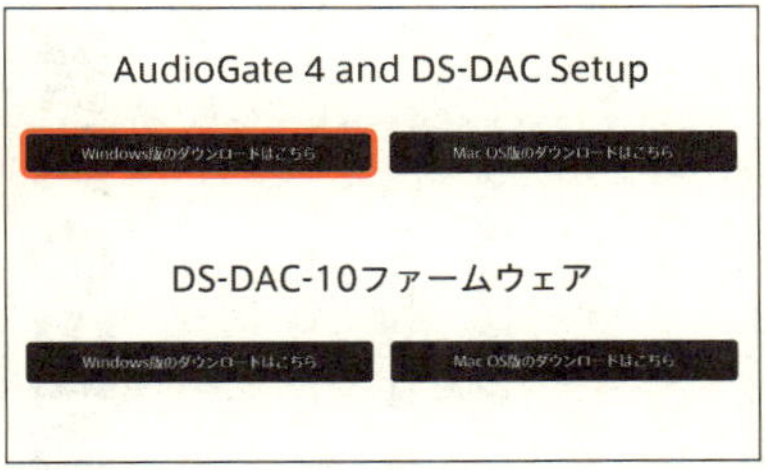

◀KORG社のドライバーダウンロードページにアクセスし（http://www.korg.com/jp/products/audio/audiogate4/download.php）、「Windows版のダウンロードはこちら」をクリックします。なお、ドライバーを組み込み、PCに接続すると、通常は有料のハイレゾ再生ソフト「AudioGate4」が無料で使えるようになります。

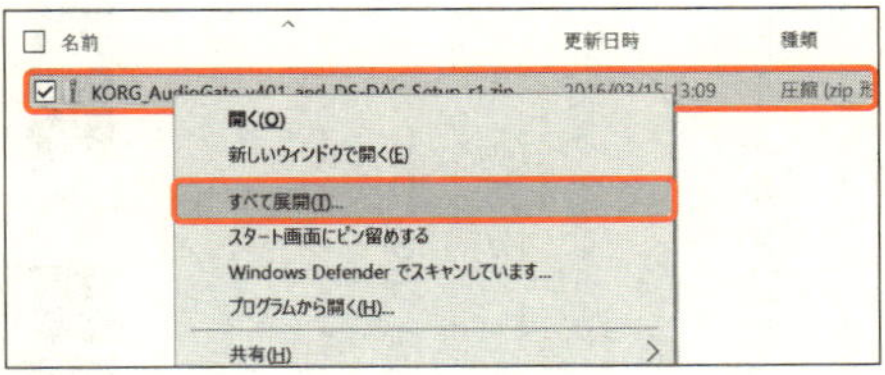

◀ダウンロードしたファイルはZIP形式になっているので、右クリックし、表示されるメニューから「すべて展開」をクリックしてファイルを展開します。

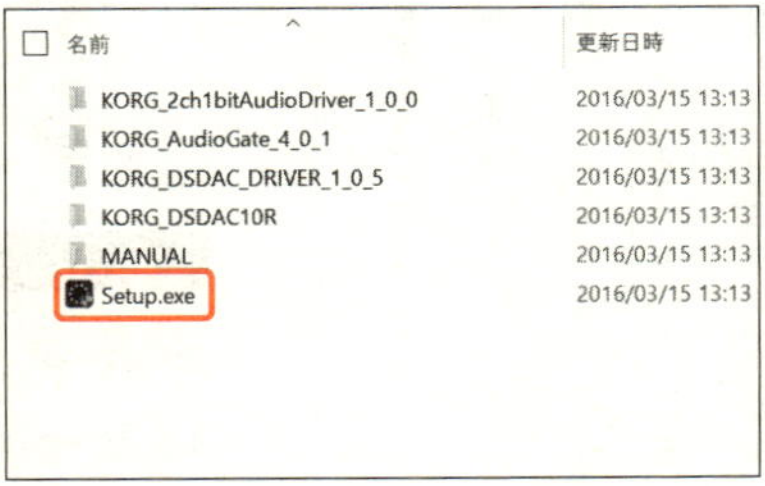

◀展開されたフォルダーにある「Setup.exe」をダブルクリックしてインストールを実行します。あとは画面の指示に従って進め、作業が完了したら、USB DACをPCに接続します。

059 音声の出力先を確認／変更する

KeyWord

コントロールパネル

foobar2000

USB DACのドライバーをインストールしたら、続いてUSB DACが正常に動作するための設定を行います。**設定はコントロールパネルから行い、方法は118～119ページで解説している内容とまったく同じ**です。画面に表示されているUSB DACの名称は異なりますが、左ページを参考に設定を行ってください。

設定が終わったら、いよいよソフトを導入します。**本書ではfoobar2000を利用します。**foobar2000は無償で利用できるフリーソフトですが、シンプルなインターフェイスでありながら、高機能な音楽管理／再生ソフトとして定評があります。インストールするだけでFLACをはじめとするハイレゾを再生できるほか、**プラグインの追加でDSDの再生にも対応**します。このソフト1本でPCオーディオを楽しむための大部分をカバーできるのが大きな魅力といえます。

ここに注目! コントロールパネルから各種設定を行う

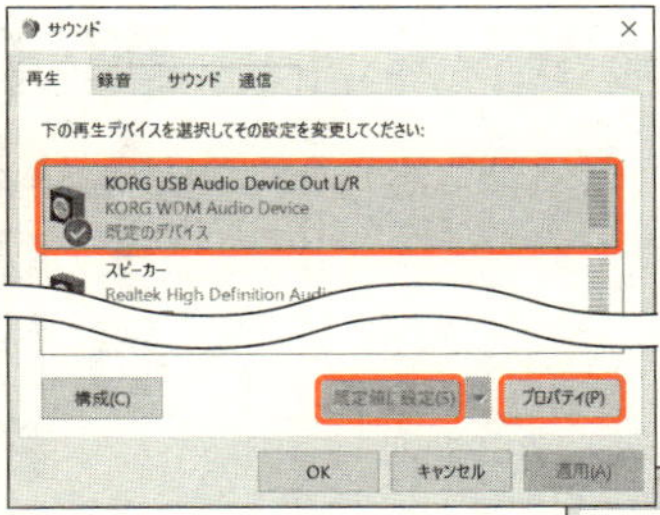

◀コントロールパネルの「サウンド画面」から音声の出力先を設定します。その後、「プロパティ」をクリックして「詳細」タブの「規定の形式」で「USB DACの仕様の最高の値」を選択します。排他モードの項目にはチェックを入れてオンにしておきます。

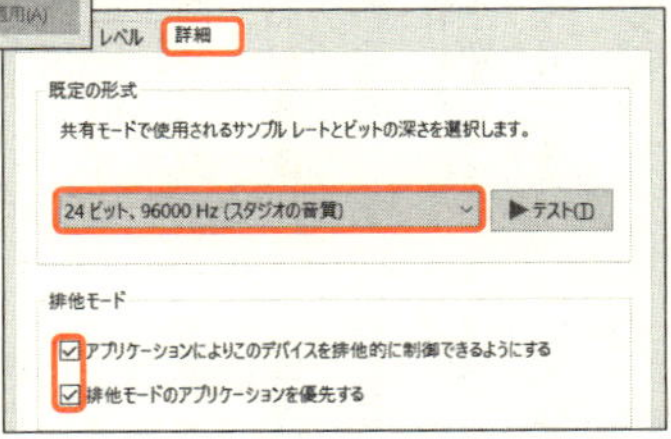

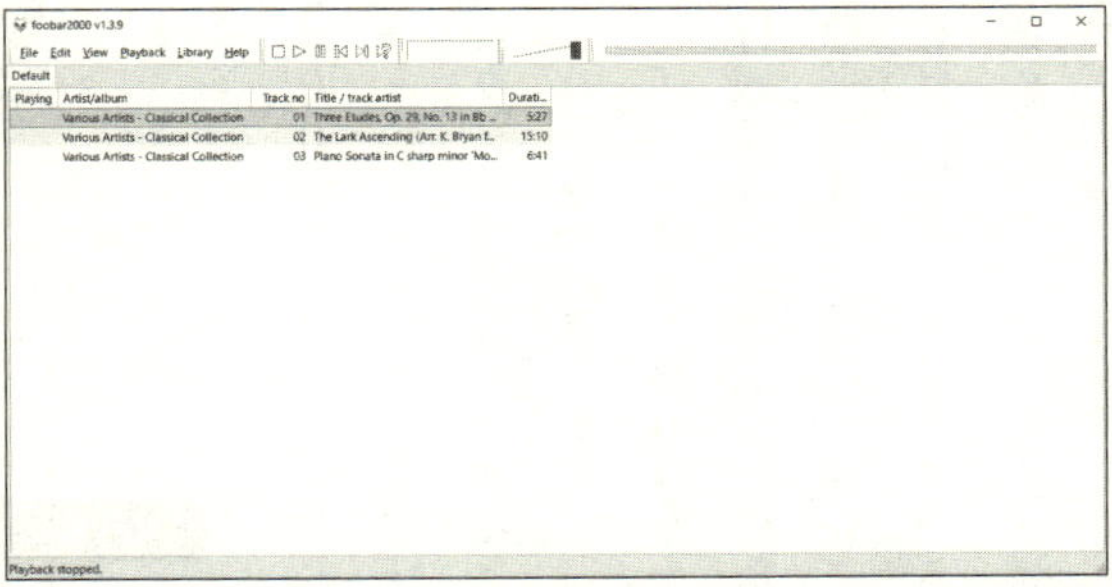

▲シンプルなインターフェイスの「foobar2000」。DSDの再生にも対応するようにプラグインを追加します。次ページからの手順を参考に、インストール、設定を行ってください。

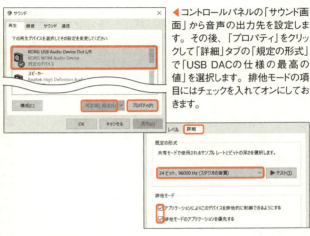

060

foobar2000を導入する

KeyWord

インストーラー

ウィザード

ｆｏｏｂａｒ２０００は、公式Ｗｅｂページから入手できます。まずはこの配布もとからインストーラーをダウンロードしましょう。

インストーラーを実行すると、ウィザードが起動し、画面の表示に従って操作することでｆｏｏｂａｒ２０００が使用可能になります。ウィザードの途中でインストールタイプを選択する画面が表示されますが、「Ｓｔａｎｄａｒｄ」を選んで手順を進めてください。ｆｏｏｂａｒ２０００のインストール後は、デスクトップにショートカットが作られます。これをダブルクリックするとｆｏｏｂａｒ２０００が起動します。

初めてｆｏｏｂａｒ２０００を起動すると、外観に関する設定を行うための画面が表示されます。ｆｏｏｂａｒ２０００は、外観のカスタマイズ性の高さも特徴の１つなので、好みに応じて変更します。本書では初期設定の状態でｆｏｏｂａｒ２０００を使います。

ここに注目! インストーラーをダウンロードしウィザードの指示に従って進める

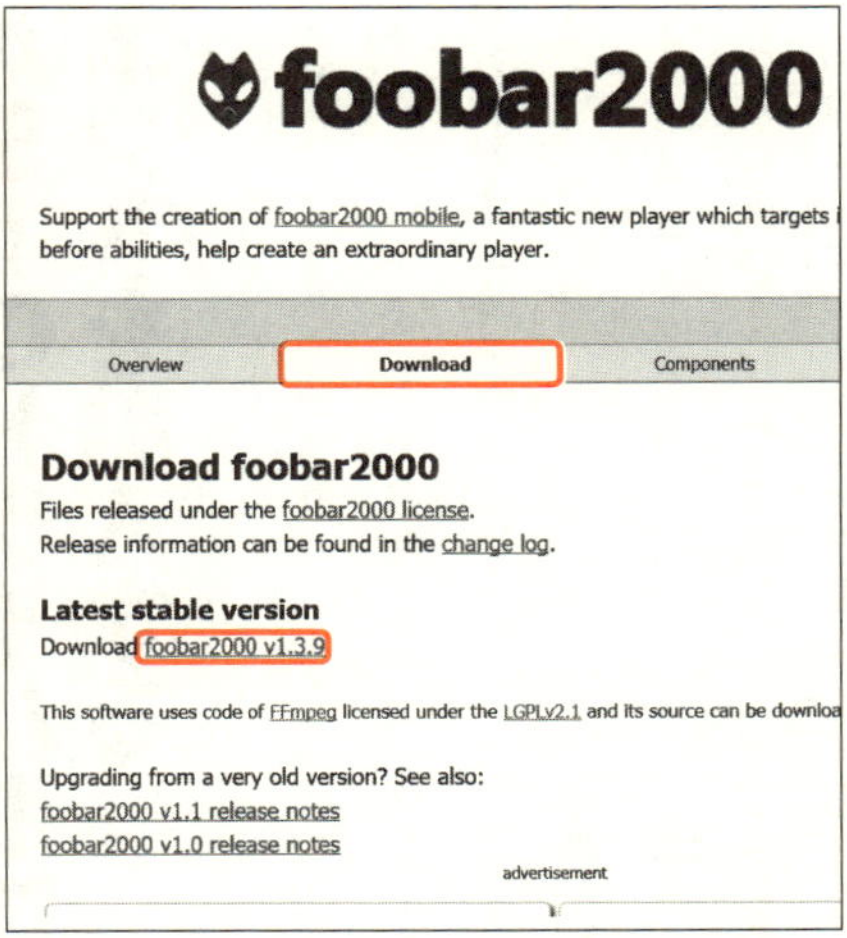
foobar2000
Support the creation of foobar2000 mobile, a fantastic new player which targets i
before abilities, help create an extraordinary player.
Overview
Download
Components
Download foobar2000
Files released under the foobar2000 license.
Release information can be found in the change log.
Latest stable version
Download foobar2000 v1.3.9
This software uses code of FFmpeg licensed under the LGPLv2.1 and its source can be downloa
Upgrading from a very old version? See also:
foobar2000 v1.1 release notes
foobar2000 v1.0 release notes
advertisement

◀foobar2000は配布もとのWebページ(http://www.foobar2000.org)から無償でダウンロードできます。「Download」タブの画面から最新版をダウンロードしましょう。なお、foobar2000は英語のソフトですが、サードパーティから日本語化パッチが提供されています。ただし、一部は日本語化されないため、本書では英語版のままで解説しています。

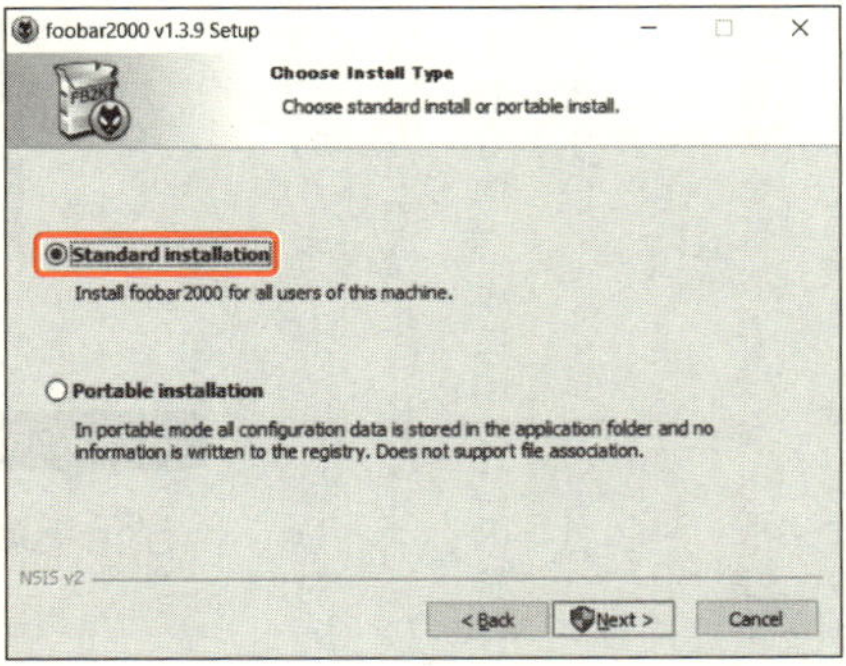
foobar2000 v1.3.9 Setup
Choose Install Type
Choose standard install or portable install.
Standard installation
Install foobar2000 for all users of this machine.
Portable installation
In portable mode all configuration data is stored in the application folder and no information is written to the registry. Does not support file association.
NSIS v2
< Back
Next >
Cancel

◀ダウンロードしたインストーラーをダブルクリックすると表示されるウィザードを操作して、foobar2000をインストールします。通常は「Standard installation」を選んで手順を進めます。

061

ASIOドライバーコンポーネントを導入する

KeyWord

USB DAC

ダウンロード

入手したDSDファイルをWindowsで再生するには、foobar2000をDSD対応にカスタマイズする必要があります。

まずは、foobar2000用の**オーディオ再生専用API「ASIO」**を利用するためのコンポーネントを組み込みます。これを組み込むことで、DSDのデータを高品位なままUSB DACに受け渡すことができます。当然、USB DACのドライバーもASIO対応である必要がありますが、DSD対応製品であれば（本章ではKORG社の「DS-DAC-100m」を使用）この条件は満たしています。

コンポーネントは、**foobar2000の公式Webページからダウンロード**します。ダウンロードしたコンポーネントはダブルクリックし、画面の指示に従うことでfoobar2000に組み込むことができます。詳しくは左ページを参照してください。

ここに注目!

公式Webページから foo_out_asioを導入する

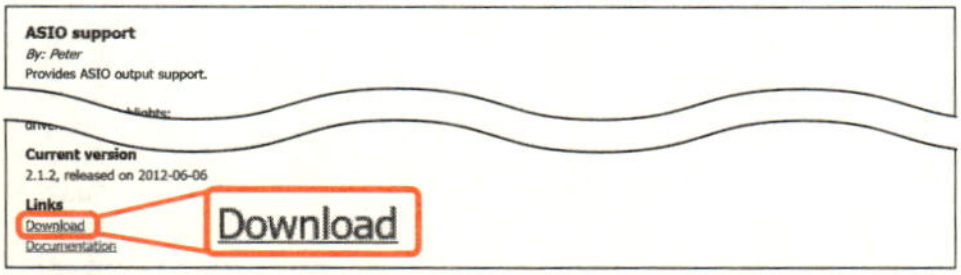

▲ASIOドライバーコンポーネント「foo_out_asio」は、次のURLからダウンロードできます。
http://www.foobar2000.org/components/view/foo_out_asio

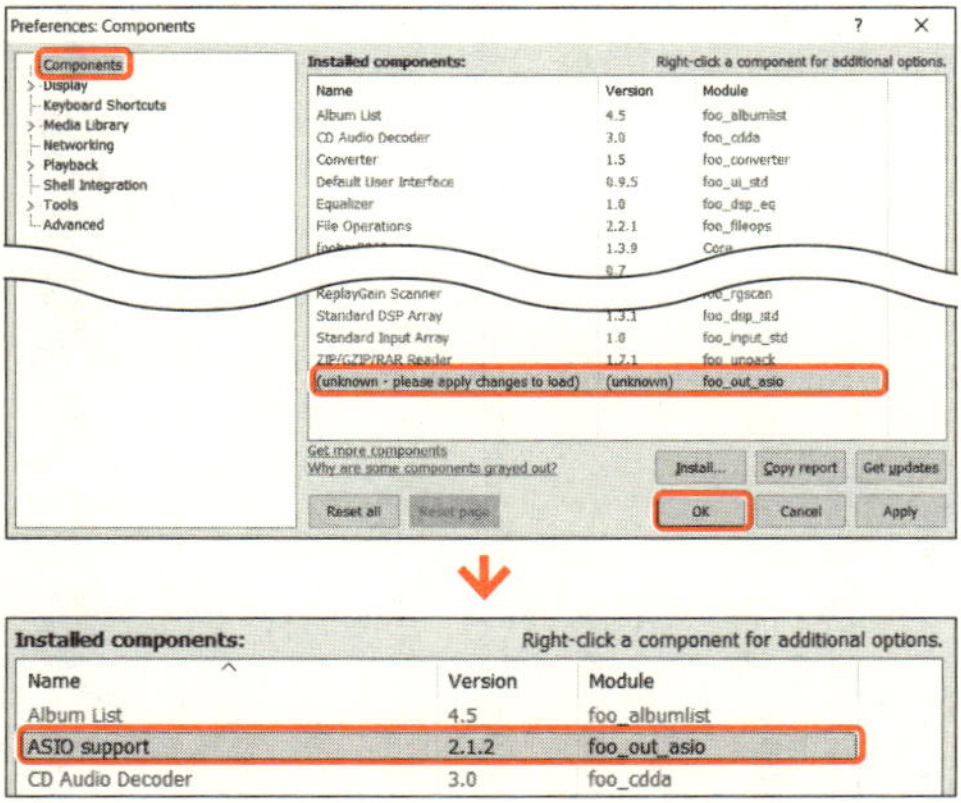

▲ダウンロードした「foo_out_asio.fb2k-component」をダブルクリックします。表示されるダイアログボックスで「はい」をクリックすると、foobar2000の「Preference」の設定画面の「Components」が開きます。「ASIO support」は「unknown」の状態ですが、気にせず「Apply」をクリックします。表示されるダイアログボックスで「OK」をクリックすれば、導入は終了です。「Preference」の設定画面を開くと、「unknown」が「ASIO support」になり、正しくインストールされていることを確認できます。

062

ＤＳＤデコーダを導入する

KeyWord

ダウンロード

バージョン

ＡＳＩＯドライバーコンポーネントの次は、ＤＳＤデータのデコーダも組み込みます。デコーダはファイルから音楽を再生するためのものです。各ファイル形式に対応したデコーダは、ｆｏｏｂａｒ２０００に最初から組み込まれていますが、ＤＳＤデコーダについては手動で組み込む必要があります。

ＤＳＤデコーダも**ｆｏｏｂａｒ２０００の公式Ｗｅｂページからダウンロード**します。ダウンロードしたＤＳＤデコーダはダブルクリックし、画面の指示に従って操作することでｆｏｏｂａｒ２０００に組み込むことができます。

なお、ＷｅｂページにアップされているＤＳＤデコーダは適宜アップデートされ、最新バージョンから安定性が高い旧バージョンまで複数のバージョンが掲載されています。一般的に最新版はバグなどの問題が解消されていますが、本書ではあえて旧バージョンを使って解説を行っています。

ここに注目！ 公式Webページからダウンロードし、foo_input_sacdを導入する

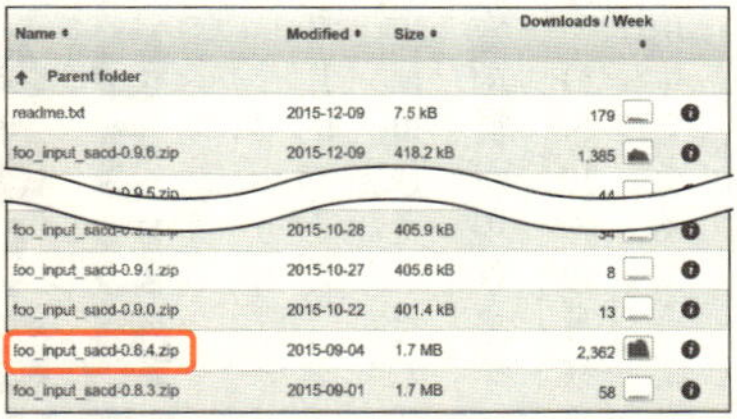

◀DSDデコーダ「foo_input_sacd」は、次のURLからダウンロードできます。
http://sourceforge.net/projects/sacddecoder/files/foo_input_sacd/
「foo_input_sacd-0.8.4.zip」をダウンロードし、展開します。

最新版がありますが、検証の結果、ここでは「foo_input_sacd-0.8.4.zip」をダウンロードしています。旧版のご利用をおすすめします。

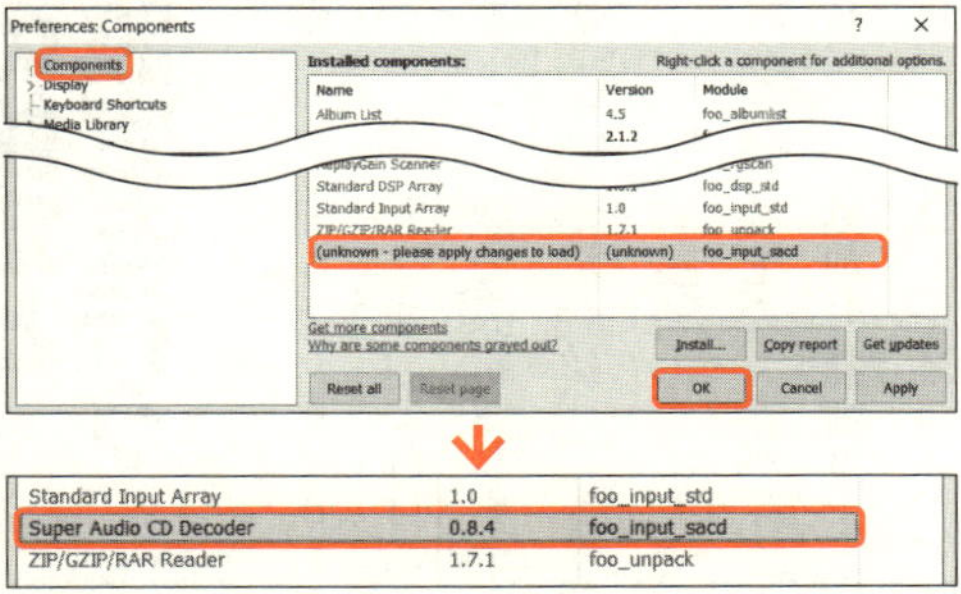

▲展開して作成された、foo_input_sacd（foo_input_sacd.fb2k-component）をダブルクリックします。表示されるダイアログボックスで「はい」をクリックすると、foobar2000の「Preference」の設定画面の「Components」が開きます。「Super Audio CD Decorder」は「unknown」の状態ですが、気にせず「Apply」をクリックします。表示されるダイアログボックスで「OK」をクリックすれば、導入は終了です。「Preference」の設定画面を開くと、「unknown」が「Super Audio CD Decorder」になり、正しくインストールされていることを確認できます。なお、作業中に「ユーザー制御」画面が表示された場合は、適宜、許可して作業を続けます。

063 ASIO出力の設定とDSD処理の設定を行う

KeyWord

ドライバー

DAC

ＤＳＤ再生用のコンポーネントを組み込むと、設定画面にそれぞれのコンポーネントの設定項目が現れます。各項目を設定すれば、ＤＳＤのＤＳＦファイルを読み込み、再生できるようになります。

ASIOによる出力の設定項目では、ドライバーを指定します。ここで注意したいのが、ＵＳＢ ＤＡＣの製品名が付いたドライバーではなく、**DSD再生用の汎用ドライバー**を指定することです。左ページ二番目の画面の「Ｄｒｉｖｅｒ」で「ｆｏｏ＿ｄｓｄ＿ａｓｉｏ」に設定します。これはあらかじめ選択された状態で表示されますが、違った項目であった場合は、「ｆｏｏ＿ｄｓｄ＿ａｓｉｏ」に変更してください。

また、左ページ下の画面では、ＤＳＤ処理の詳細設定を行います。**「ASIO Driver」では、使用するDAC名の付いたドライバーを設定**します。使用するＤＡＣによってこの画面での設定は異なるので、注意が必要です。

ここに注目! 出力項目で汎用ドライバーを指定しASIO Driverでは使用DACに準じる

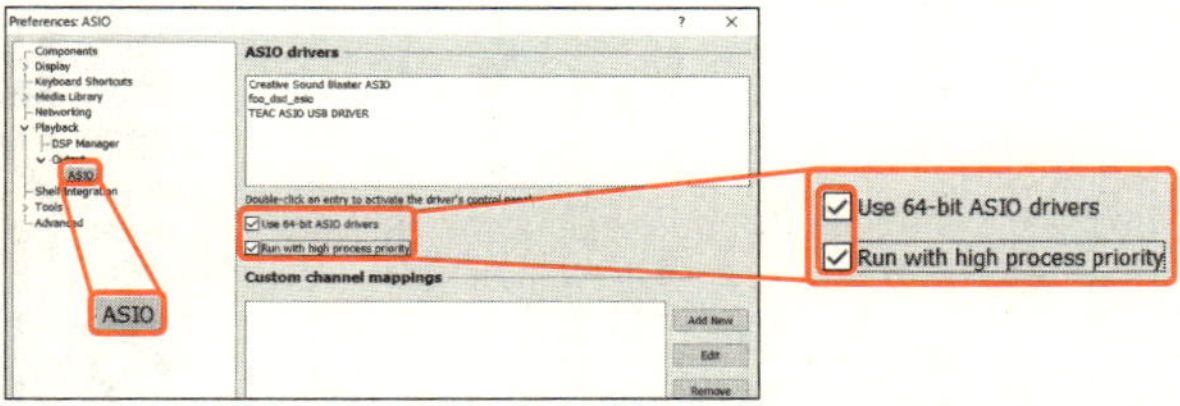

▲147ページにて展開した、「foo_input_sacd-0.8.4.zip」内にある「ASIOProxyInstall-0.8.3.exe」をダブルクリックして実行します。続いて、foobar2000を起動して、「File」メニューから「Preference」をクリックします。表示された設定画面で「Playback」→「Output」→「ASIO」と順にクリックし、2つの項目にチェックを入れます。なお、一部のWindowsでは「Use 64-bit ASIO driver」は表示されないことがあります。続けて「Add New」をクリックします。

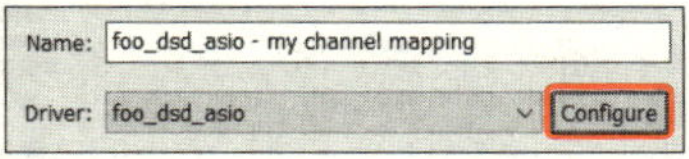

◀「ASIO Channel Mapping Editor」画面が表示されるので、「Configure」をクリックします。

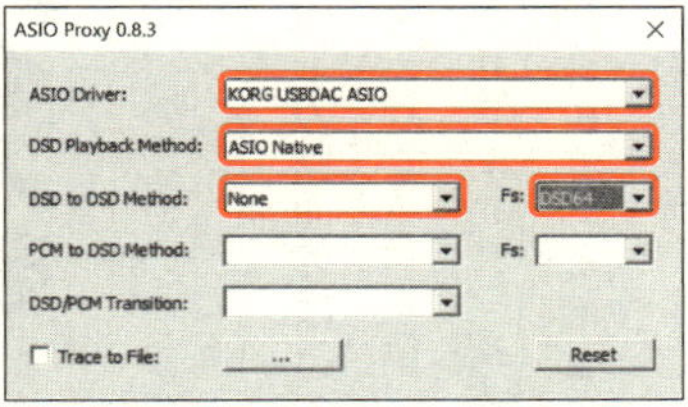

▲表示される画面で、「ASIO Driver」のドロップダウンリストをクリックして接続したDACを選択し(ここでは「KORG USBDAC ASIO」)、同様に「DSD Playback Method:」は「ASIO Native」に、「DSD to DSD Method」は「None」に、「Fs」は再生するDSDのサンプリング周波数に合わせます(2.8MならDSD64、5.6MならDSD128)。☒→「OK」とクリックして設定を終了します。

064 出力モードと再生デバイスを設定する

KeyWord

DSD

Name

最後の設定は、出力モードと再生デバイスを設定します。出力モードは**「DSD」に設定**します。

再生デバイスは、前ページの二番目の「ASIO Channel Mapping Editor」画面で、**「Name」を「foo_dsd_asio-my channel mapping」に設定しているため、これに合わせます。**ちなみに、この「Name」の欄に任意の名前を入れていた場合は、左ページの下の画面ではその任意の名前を選択します。「ASIO Channel Mapping Editor」画面の「Name」と同じ名前であることが重要になります。

なお、すべての設定を終えて、DSFファイルの再生中にひんぱんに音飛びが発生する場合は、「Buffer length」のスライダーをドラッグして、値を大きくしておきます。

ここに注目！ 「Output Mode」を「DSD」に設定しDevice名を設定する

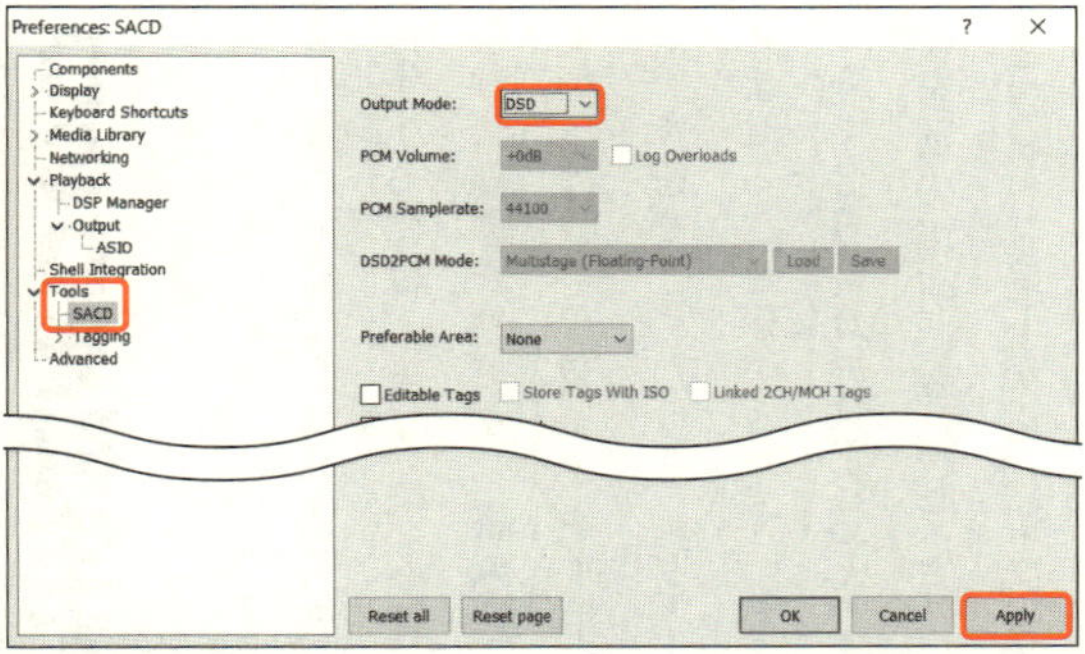

▲設定画面で「Tools」→「SACD」をクリックして「Output Mode」をドロップダウンリストから「DSD」に変更します。「Apply」をクリックします。再起動を要求された場合は、再起動を実行します。

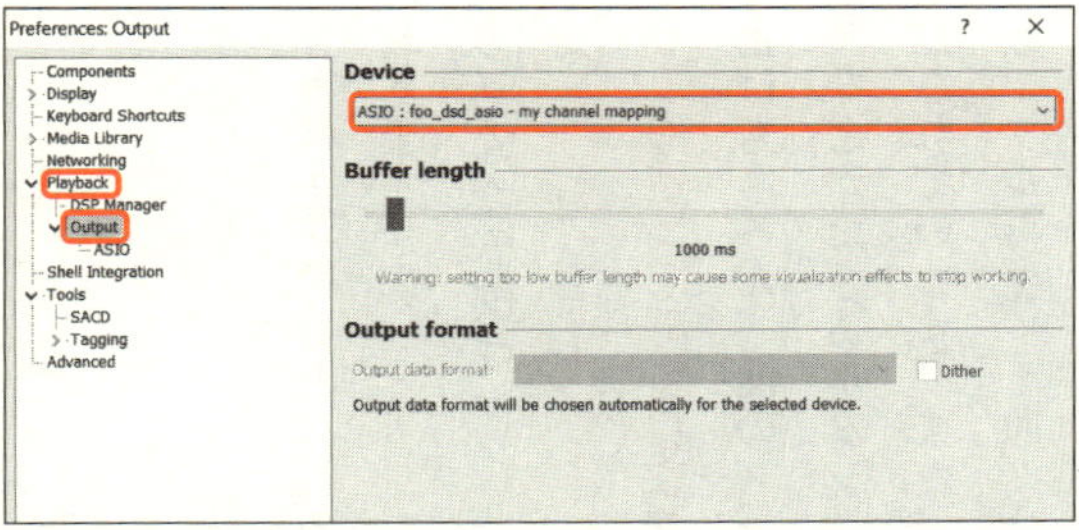

▲foobar2000を起動し、「File」メニューから「Preference」をクリックして設定画面を開きます。「Playback」→「Output」とクリックして進み、「Device」のドロップダウンリストをクリックして、「ASIO:foo_dsd_asio-my channel mapping」を選択したら、「Apply」→「OK」と順にクリックして終了します。設定は以上です。

065

DSDを再生する

ｆｏｏｂａｒ２０００でＤＳＤの音楽ファイルを再生するには、**まずソフトに音楽ファイルを読み込ませます。**読み込みはメニューから行い、音楽ファイル単位、音楽ファイルをまとめたフォルダー単位で読み込ませることができます。なお、ｆｏｏｂａｒ２０００に読み込んだ音楽ファイルを別の場所に移動したり、削除したりすると、ソフトから音楽ファイルを参照できなくなってしまいます。その場合は移動した音楽ファイルを再度ｆｏｏｂａｒ２０００に読み込ませる必要があります。

読み込んだ音楽ファイルは、**メインウィンドウのツールバーにあるコントローラーを使って再生します。**再生／一時停止はもちろん、曲のスキップ、音量の調整などができるボタン、スライダーが用意されています。また、メニューからシャッフル再生、１曲／全曲リピートといった再生モードを切り替えることもできます。

KeyWord

foobar2000

コントローラー

ここに注目! 音楽ファイルを読み込みコントローラーで再生する

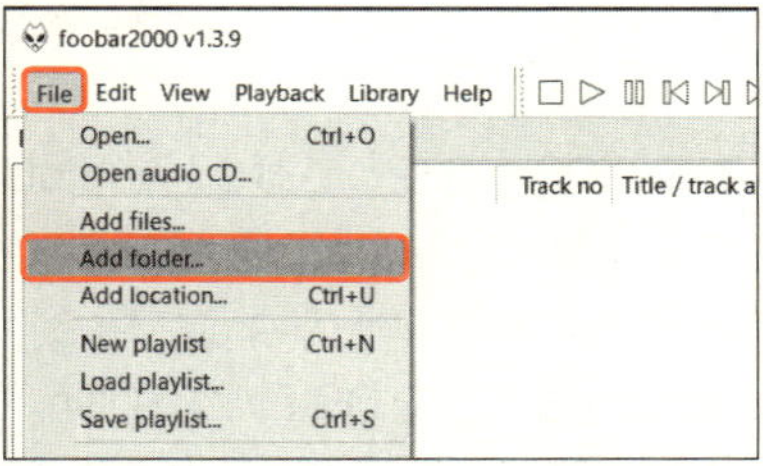

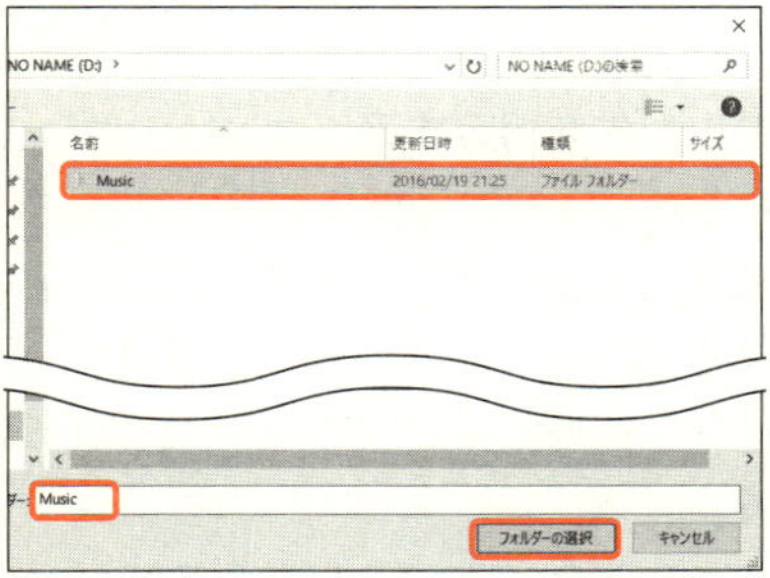

◀「File」メニューから「Add folder」をクリックして、音楽ファイルを保存したフォルダーを指定します。「Add files」をクリックして音楽ファイルを指定しても同様です。

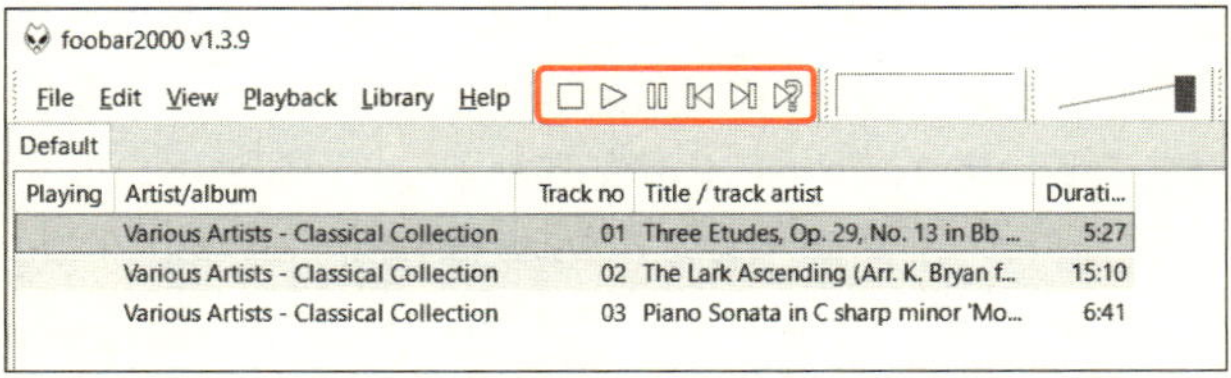

▲曲の再生やスキップは画面上にあるコントローラーのボタンをクリックします。「Playback」メニューから、シャッフル再生やリピート再生に切り替えることもできます。

Column

AudioGate 4で DSDを再生する

コラム 7

USB DACとしてDS-DAC-100mを使っており、AudioGate 4をインストールしている場合、foobar2000で音声が正しく出力できないことがあります。そのような場合は、AudioGate 4で、音声の出力先としてDS-DAC-100mを指定してから、改めてfoobar2000で再生するとうまくいくことがあります。

AudioGate 4で音声の出力先を指定するには、「Menu」をクリックすると表示されるメニューで、「編集」→「環境設定」とクリックして、環境設定の画面を表示します。環境設定が表示されたら、「オーディオ･デバイス」タブをクリックし、「入力デバイス名」のリストから「DS-DAC-100m」を選択して、「OK」をクリックします。

なお、AudioGate 4ではFLAC、DSD、ALACの再生が可能で、Windows/Macの両方に対応しており、出力サンプリング周波数が48kHzまでに制限される無料のライト版も用意されています。すべての機能を利用したい場合はコルグオンラインショップ（http://www.korgonline.com/index.php）からフルバージョンを19,980円（税込）で購入することができます。なお、DS-DAC-100mを使っている場合、AudioGate 4の全機能を無料で利用できます。

第8章

[モバイル編]

スマートフォンでいい音を聴こう

066

スマートフォンで高音質を楽しむには？

KeyWord
iPhone
Android

現在、もっとも身近なデジタルデバイスであるスマートフォンに音楽を入れておけば、いつでも、好きな場所で、お気に入りの音楽を再生できます。

スマートフォンと音楽の相性は抜群で、イヤフォンをつなぐだけで、音楽を聴くことができます。より高音質を求めるならば、外付けのDACとアンプが一体化した機器である**「ポータブルヘッドフォンアンプ（ポタアン）」を利用**します。スマートフォンにポタアンをつなぎ、さらにその先にヘッドフォンやイヤフォンをつなぎます。

ポタアンを使うのは、そのままではハイレゾを再生できないためです（一部のハイレゾ対応のスマートフォンを除く）。これはスマートフォンに内蔵されているDACの能力不足によるもので、**出力サンプリング周波数、量子化ビット数が最大で48kHz、16ビットまでしか対応しない**ためです。さらに、**アプリもハイレゾ対応**のものを用意します。

ここに注目!

iPhone／Androidとポタアンを活用する

◀圧倒的な人気を誇るAppleのスマートフォン「iPhone」シリーズ。一世を風靡した音楽プレーヤー「iPod」シリーズの遺伝子を受け継ぎ、音楽を手軽に楽しむことができます。iTunesとの連携のスムーズさも魅力です。

▶Googleが開発したOSを搭載したスマートフォンの総称が「Android」です。多彩な機種が各社から発売されていますが、最新のXperiaシリーズは「ハイレゾ」の再生に対応し、音楽にこだわりを持つユーザーに人気です。

◀スマートフォンでのハイレゾの再生に必須となるのが、ポタアンです。スマートフォンからのデジタルデータをアナログに変換し、アナログ信号を増幅してヘッドフォン、イヤフォンに出力する製品です。

067 iTunes(Windows／Mac)から iPhoneへ音楽を転送する

KeyWord

48kHz

ファイル共有

主に第2章で解説したiTunesは、まさにPCオーディオ環境の中核となる音楽再生／管理の定番ソフトです。「iPhone」や「iPad」シリーズとの相性はやはり抜群で、基本的にPCとiPhoneなどをつなぐだけで、iTunes内の音楽を転送できます。

ただし、ハイレゾ音源のFLACをALACに変換してiTunesに取り込んだ音楽ファイルは、そのままiPhoneやiPadに転送できません。48kHzよりも高いサンプリング周波数に対応していないからです。転送するには、左ページ下図のように**転送可能な形式に変換**します。ただし、せっかくのハイレゾファイルも音質が低くなります。

iPhoneやiPadでハイレゾを再生するには、ハイレゾに対応する音楽アプリを別途用意し、**ファイル共有機能を使ってハイレゾファイルを転送**します（176ページ）。

ここに注目! iTunesのiPhone設定画面で形式を変換して転送する

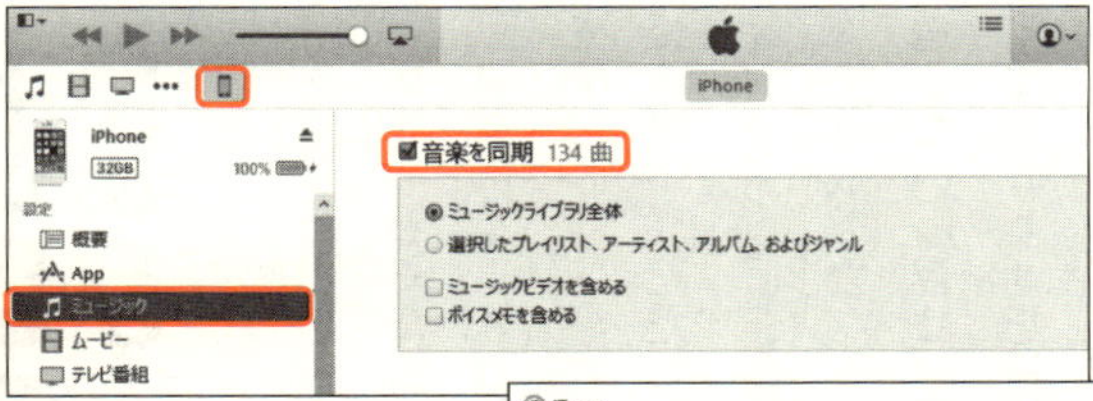

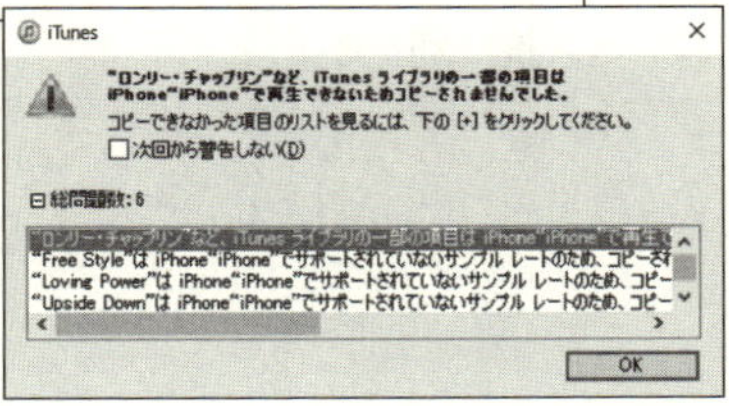

▲単にPCと接続するだけで、iTunesのライブラリをiPhoneに転送できます。しかし、サンプリング周波数が48kHz以上の音楽ファイルは、右図の警告が表示されて転送できません。

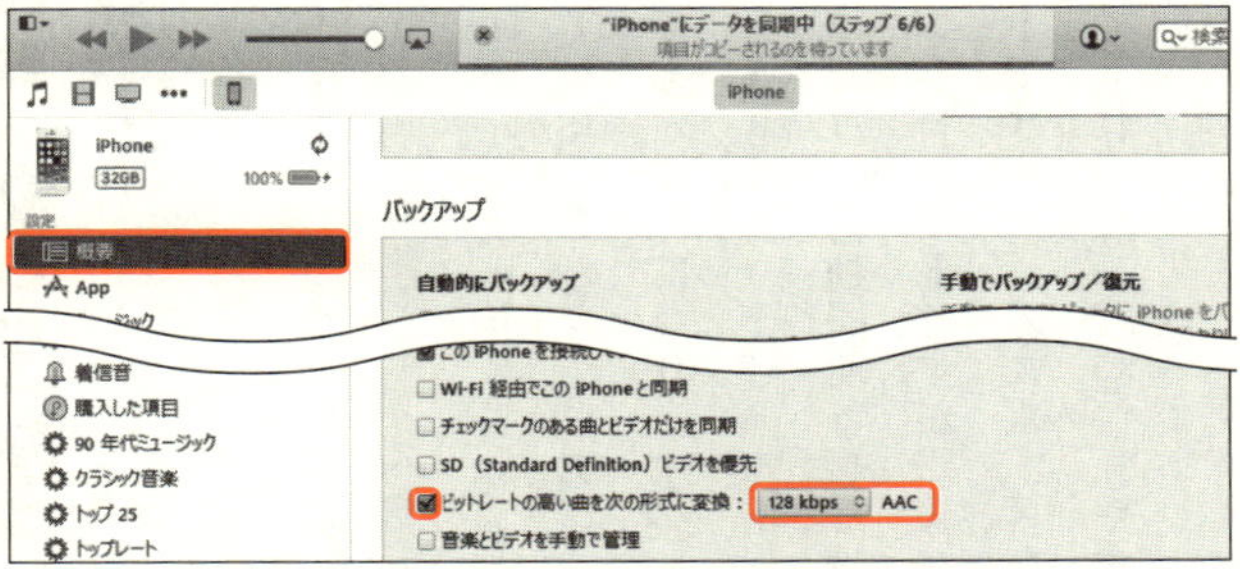

▲ライブラリ内のハイレゾの音楽ファイルは、iPhoneで再生可能な形式に変換してから転送します。iTunesのiPhone設定画面の「概要」で、「ビットレートの高い曲を次の形式に変換」にチェックを入れ、目的のビットレートを選択します。これにより、音質は下がるものの、iPhoneで再生できます。もちろん、もとのAppleロスレスの音楽ファイルはそのままiTunesに残ります。

068 iTunes(Windows/Mac)からAndroidへ音楽を転送する

KeyWord

プレイリスト

TunesGo Plus

Androidを搭載したスマートフォンでは、**WindowsのエクスプローラーやMacのFinder**から音楽ファイルを**ドラッグ&ドロップで転送**することができます。ただし、iTunesのプレイリストは転送できません。iTunesで作成したプレイリストもしっかり転送したい場合は、別途AndroidとiTunesを連携させるソフトが必要になります。

本書では**「TunesGo Plus」**をおすすめします。PC側にTunesGo Plusをインストールし、Androidスマートフォンをつなぐと、iTunesの音楽やプレイリストを転送できるようになります。もちろん、PCとAndroidスマートフォンをつなぐだけで自動同期させる設定も可能です。有料ソフトですが、AndroidとiTunesのスムーズな連携を実現してくれる点や、わかりやすい操作性が魅力です。

ここに注目! TunesGo Plusを使ってiTunesとの連携を可能にする

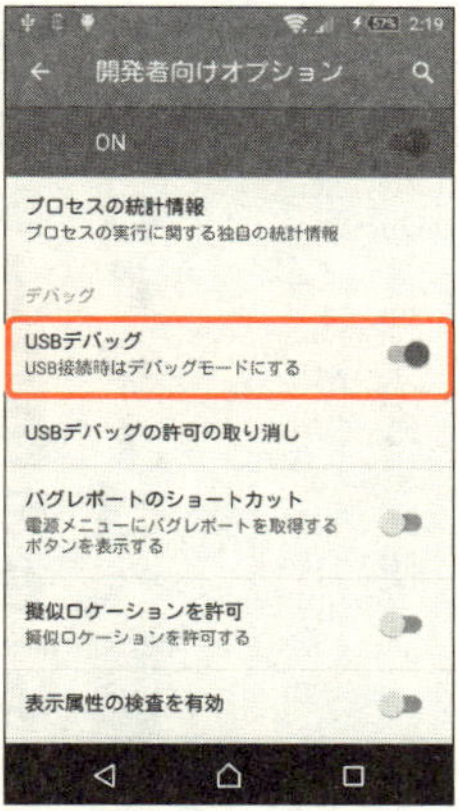

◀TunesGo Plusは公式Webページ(http://www.wondershare.jp/)でダウンロード／購入できます(4,980円、税込)。Windows版、Mac版が用意されています。Androidスマートフォンでは、デバッグ画面で、「USBデバッグ」を有効にしておく必要があります。Androidスマートフォンをパソコンにつないだら、TunesGo Plusを起動します。

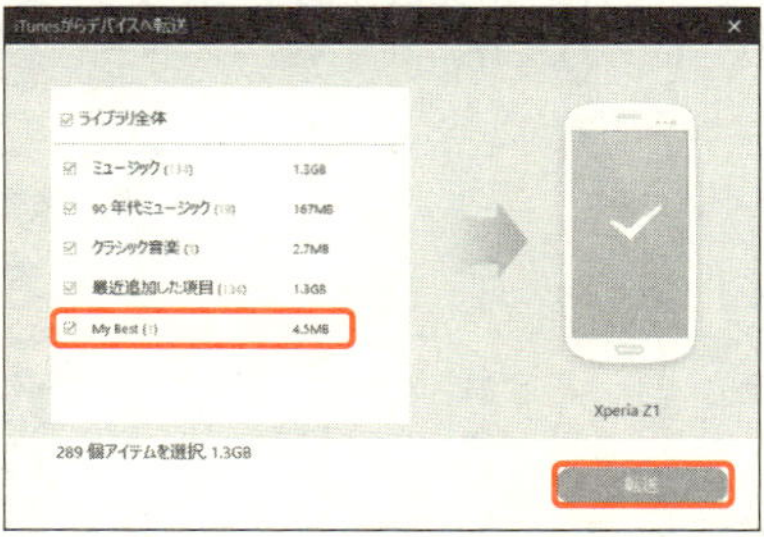

▲転送方法は、TunesGo Plusの画面中央の「転送」にマウスを重ね、「デバイスへ」をクリックします。あとは表示される画面で、転送項目を選択して(プレイリストもしっかり表示されています)、「転送」をクリックします。ここではWindowsの画面で解説していますが、Macの場合も同じです。また、iTunesを表示し、TunesGo Plusへドラッグ&ドロップすることでも転送できます。

069

MusicBee（Windows）からAndroidへ音楽を転送する

KeyWord

自動転送

ライブラリ

80ページで解説した「MusicBee」を音楽ファイルの管理／再生に使っている場合、残念ながらiPhoneやiPadなどとは連携できません。iPhoneを使用する場合は、MusicBeeはあくまでリッピングソフトとしての位置付けにして、音楽CDから取り込んだ音楽ファイルはiTunesで管理するようにしましょう。

一方、**Androidには、MusicBeeは標準で対応しています。**最初に設定を済ませておけば、以降はPCとAndroidをつなぐだけで、MusicBeeで管理している音楽ファイルはもちろん、**プレイリストなどを自動転送**できるようになります。なお、MusicBeeのライブラリにFLACなどのハイレゾの音楽ファイルを登録している場合も、左ページの手順に従うことで転送できるので、特別な設定をすることなく、スマートフォンでハイレゾを再生することができます。

ここに注目！

MusicBeeの設定で MTPデバイスの検出をオンにする

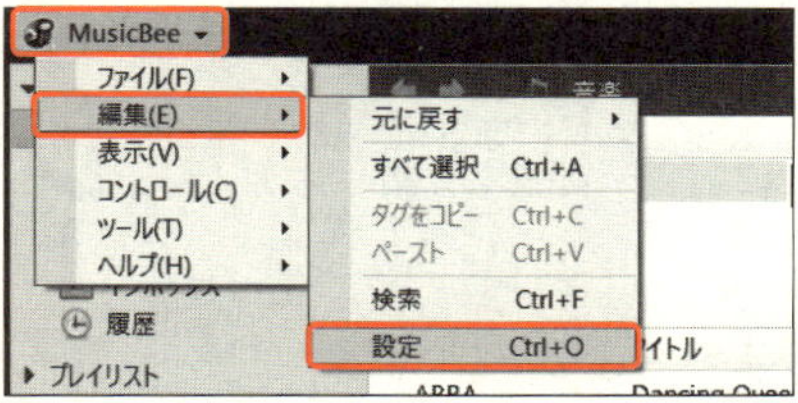

◀スマートフォンをPCに接続しておき、MusicBeeの「MusicBee」→「編集」→「設定」をクリックします。

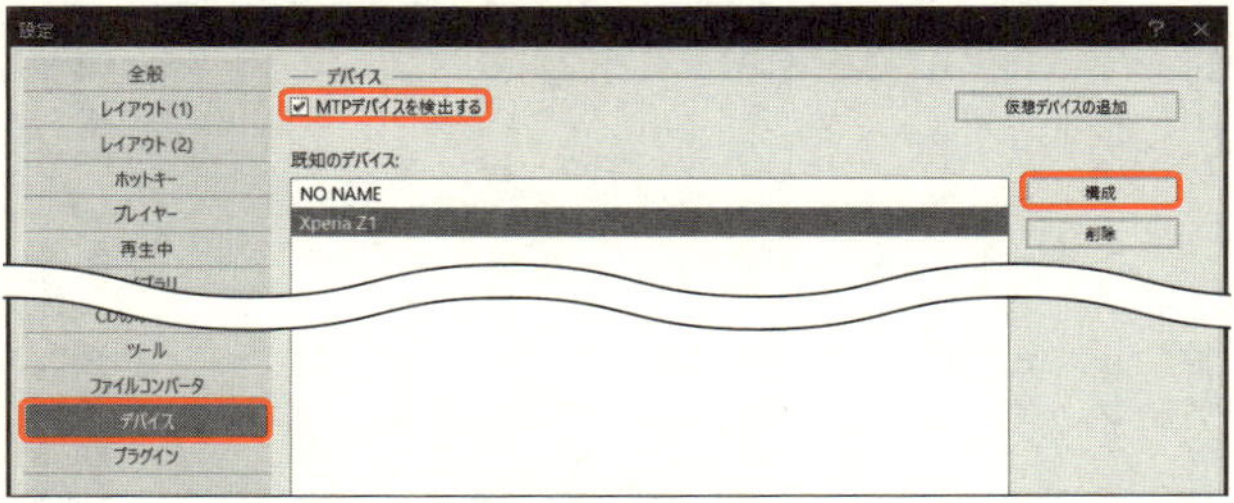

▲「デバイス」をクリックして、「MTPデバイスを検出する」にチェックを入れます。接続したスマートフォンを選択して、「構成」をクリックします。

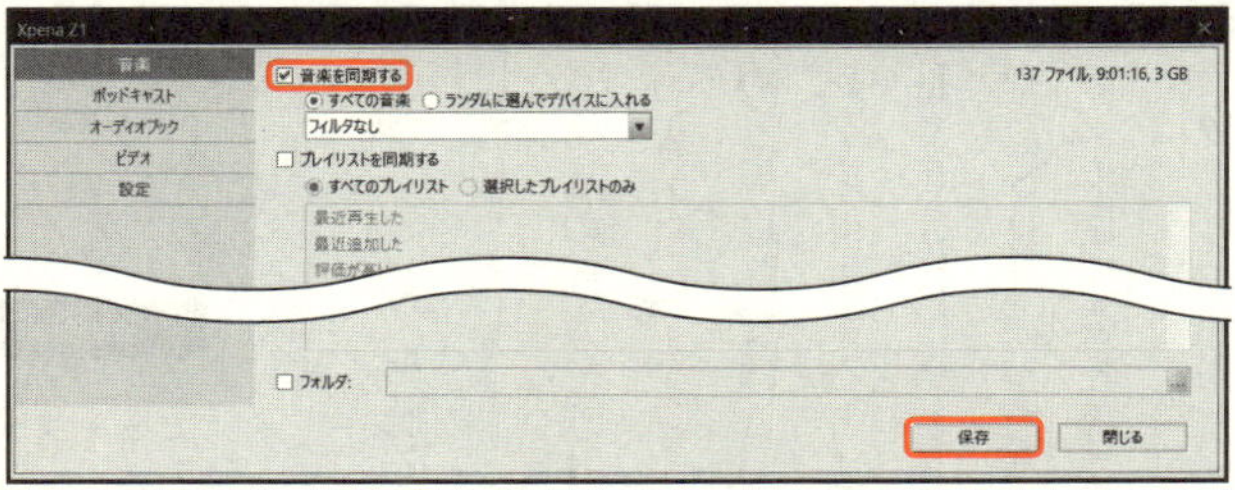

▲「音楽を同期する」にチェックを入れて、「保存」をクリックします。

070

プレーヤーアプリを用意する

KeyWord

ミュージック

HF Player

iTunesからスマートフォンに転送した音楽は、音楽プレーヤーアプリを使って再生できます。**iPhoneでは標準アプリの「ミュージック」を使うのが一般的です。**

Androidには「標準」といえるアプリはなく、**機種によって搭載されているアプリは異なります。**そのぶん、Google Playストアにはさまざまな音楽プレーヤーアプリがあり、好みや聴取スタイルなどに応じて選ぶ自由があります。

スマートフォンでハイレゾを聴くには、別途アプリを用意します。本書では、iOSとAndroidの両方でリリースされている**「Onkyo HF Player」**をおすすめし、以降ではこのアプリを使ってハイレゾを再生する方法を解説します。Onkyo HF Playerは、FLACやDSDといったハイレゾの音楽ファイルの再生が可能で、定番アプリとして人気のプレーヤーです。

ここに注目! おすすめのハイレゾ対応アプリ

▶iPhoneの標準音楽プレーヤーアプリが「ミュージック」です。機能が豊富で使いやすいのが特徴です。

◀iOS/Android両対応のハイレゾプレーヤーアプリ「Onkyo HF Player」。ハイレゾの再生には、有料のHD再生パックが必要になりますが、対応ファイル形式とDACの幅広さ、イコライザなどの標準アプリにはない多彩な機能が魅力です。「Onkyo HF Player」については、172ページ以降で詳細に解説しています。

071

ハイレゾ対応のポタアン選びのポイント

KeyWord

DSD

デジタル接続

　ポタアン選びの基準となるのは、**どのような音源をスマートフォンで聴くか、**そして、**実際にハイレゾをハイレゾ音質で再生できるか**という点です。

　ポタアンのスペックでは、まず対応するサンプリング周波数と量子化ビット数がハイレゾの要件を満たすものであるか確認します。必要に応じて、**DSDに対応しているかどうか**も確認します。

　スペック上の落とし穴となるのが、「スマートフォンとのデジタル接続に対応」という表記です。ポタアンは確かにスマートフォンからデジタルデータを受け取るのですが、接続形態によっては、**受け取ったハイレゾのデータが音楽CD相当の音質までダウンサンプリングされてしまう**こともあります。ポタアン購入前にスマートフォンとの接続について確認しておきましょう。

　なお、本書では左ページで紹介しているポタアンのみを検証して掲載しております。

ここに注目! サンプリング周波数、量子化ビット数、DSD対応の有無をチェック

◀DAC-HA200
ONKYO
20,000円前後
最大96kHz／24ビットのPCMの再生に対応しています。Onkyo HF Player（172ージ）と組み合わせることで、アプリの機能制限が解除され、別途費用を払わなくても有料版の機能が使えます。DSDの再生には対応していません。

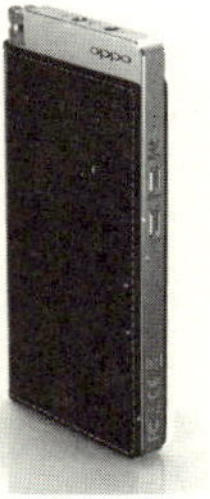

◀HA-2
OPPO Digital Japan
43,000円前後
スマートフォンとほとんど変わらない本体の薄さと、ブックカバーをイメージした革張りのデザインが特徴のポタアンです。小型軽量にも関わらず、最大384kHz／32ビットのPCMおよびDSDに対応しています。

◀Sound Blaster E5
Creative Technology
20,000円前後
「Sound Blaster Eシリーズ」のフラッグシップモデル。PC接続では最大192kHz／24ビット、スマートフォンのiOSでは最大96kHz/24ビット、Androidでは最大44.1kHz/16ビットのPCMの再生に対応しています。Bluetoothを搭載しているのでワイヤレス接続が可能です。DSDの再生には対応していません。

072 機器を接続する【iPhone】

iPhoneでハイレゾのFLACやALACを再生するには、iPhoneにポタアンとヘッドフォン、イヤフォンをつなぎます。ここでは、**167ページで紹介したポタアンの接続方法を解説**しています。ほかのポタアンを利用する場合は、事前にポタアンのメーカーの公式サイトなどでiPhoneへの対応状況を確認しておきましょう。

iPhoneとポタアンを接続すれば、Onkyo HF Playerなどを使ってハイレゾの音楽を再生できるようになります。DSD対応ポタアンであれば、同様にDSD対応のOnkyo HF Playerなどで再生できます。

ポタアンを使うメリットはほかにもあります。ポタアンを接続することでiPhone内蔵のものより高品位なDACやアンプを経由して音声を出力できる点です。標準の「ミュージック」アプリで再生する**音楽CD音質の音楽ファイルも高音質で再生**できるのでおすすめです。

KeyWord

ポタアン

高音質再生

ここに注目! iPhone付属のLightningケーブルを利用する

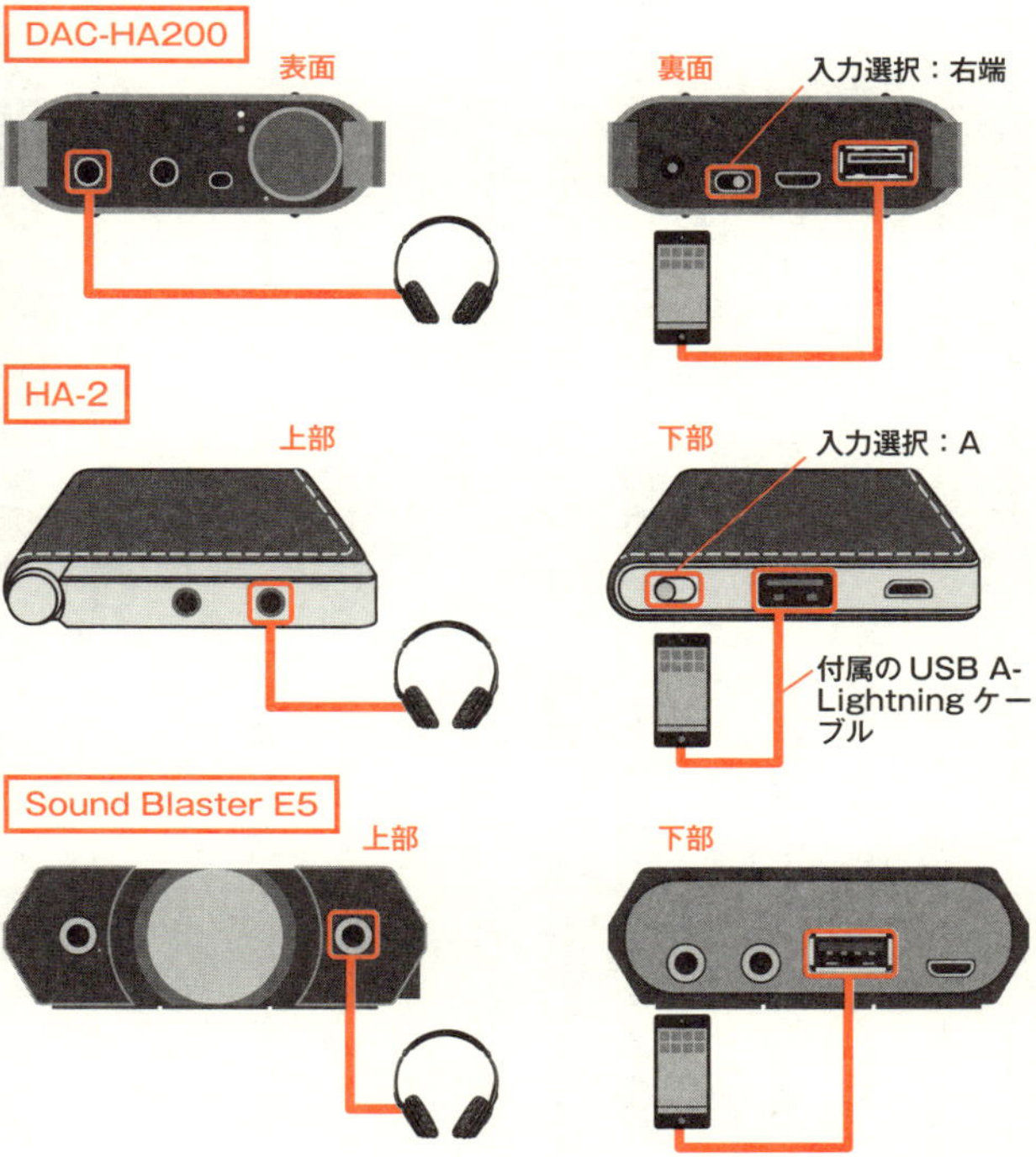

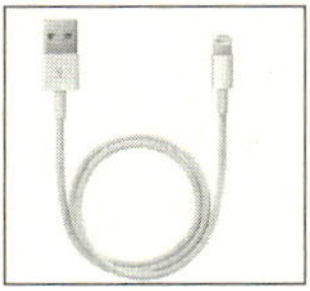

▲iPhone付属のLightningケーブル（右）を介して、ポタアンのUSB端子と、iPhoneのLightningポートをつなぎます。「HA-2」の場合は、付属のUSB A-Lightningケーブルが利用できます。

073

機器を接続する【Android】

KeyWord

OTGケーブル

高音質再生

Androidスマートフォンでハイレゾの FLACやALACを再生するには、スマートフォンにポタアンとヘッドフォン、イヤフォンをつなぎます。ここでは、**167ページで紹介したポタアンの接続方法を解説**しています。ほかのポタアンを利用する場合は、事前にポタアンのメーカーのサイトでAndroidへの対応状況を確認しておきましょう。

スマートフォンとポタアンを接続すれば、Onkyo HF Playerなどを使ってハイレゾの音楽を再生できるようになります。なお、スマートフォンは、**Androidのバージョンが「2・3」以上**で、**ハイレゾの再生に対応する機種**である必要があります。

ただし、ハイレゾ非対応のスマートフォンやアプリでも、ポタアンを接続すればスマートフォン内蔵のものより高品位なDACやアンプを経由して音楽を出力できるため、高音質を楽しむことができます。

ここに注目! Androidスマートフォン付属のUSBケーブルを利用する

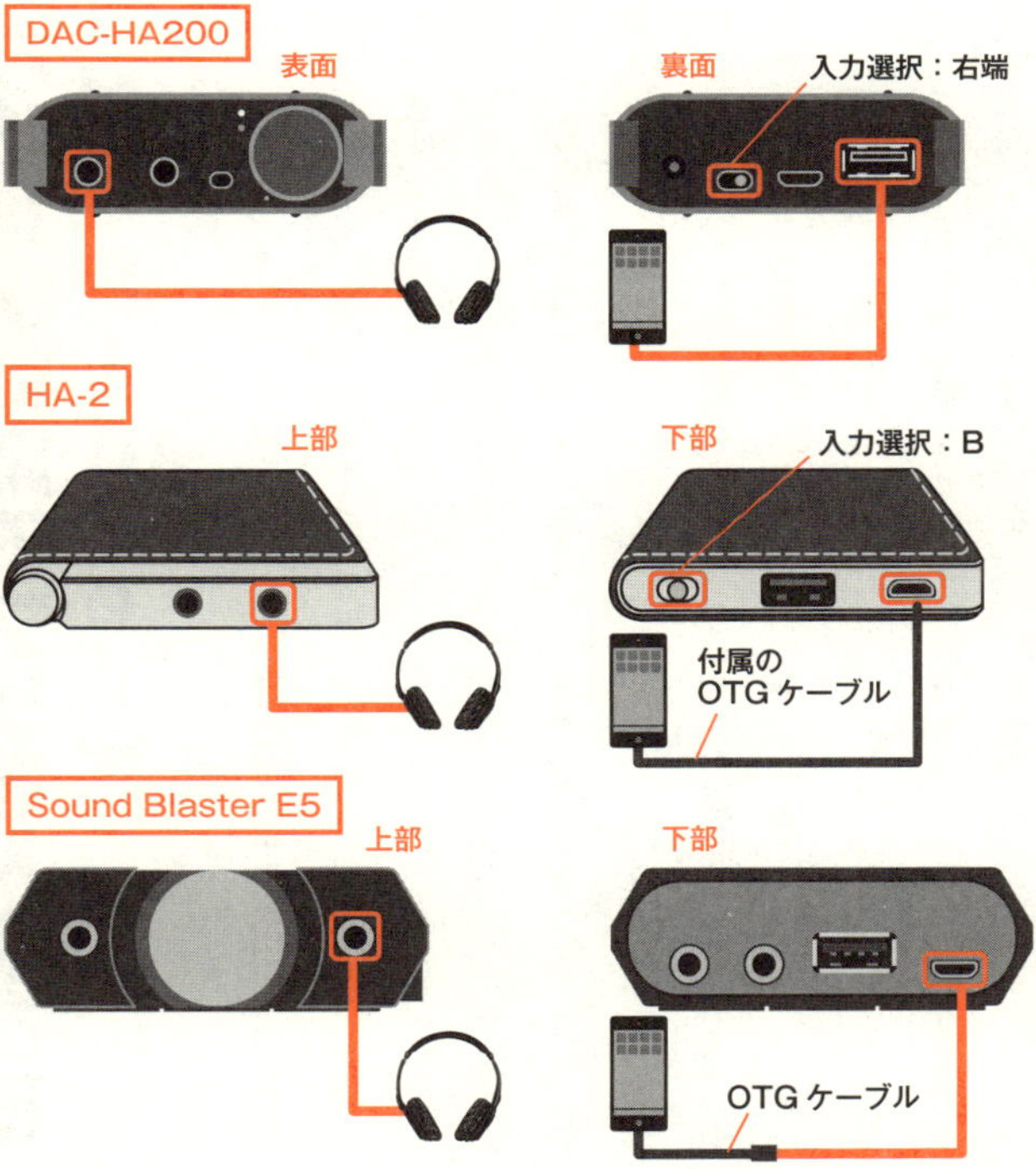

▲Androidスマートフォンは、スマートフォン付属のUSBケーブルを介して、ポタアンとAndroidスマートフォンをつなぎます。「DAC-HA200」でうまくいかない場合は、「Sound Blaster E5」の接続を参考にOTGケーブル(右1,000円程度)を利用してください。

074 ハイレゾ対応アプリを入手する【HF Player】

KeyWord
App Store
Playストア

スマートフォンでハイレゾを聴くには、ポタアンだけでなく、対応するアプリも必要になります。本章では、**ハイレゾのFLAC、Appleロスレス（ALAC）、さらにDSDのファイルにも対応する音楽プレーヤーアプリ「Onkyo HF Player」（以降「HF Player」と表記）で解説を進めていきます**。その理由は、iPhone／Androidのいずれにも対応する点と、独自のドライバーによりハイレゾを高音質のまま出力できるからです。

なお、HF Playerでハイレゾをハイレゾの音質で再生するためには、有料のプラグインを追加する必要があります（174ページ）。ただしAndroidでは、本体のみでハイレゾの再生に対応する機種でない限り、プラグインを追加してもハイレゾの音質で再生することはできず、CD音質（48kHz、16ビット）での再生になる点に注意してください。

ここに注目! ストアからHF Playerをダウンロード、インストールする

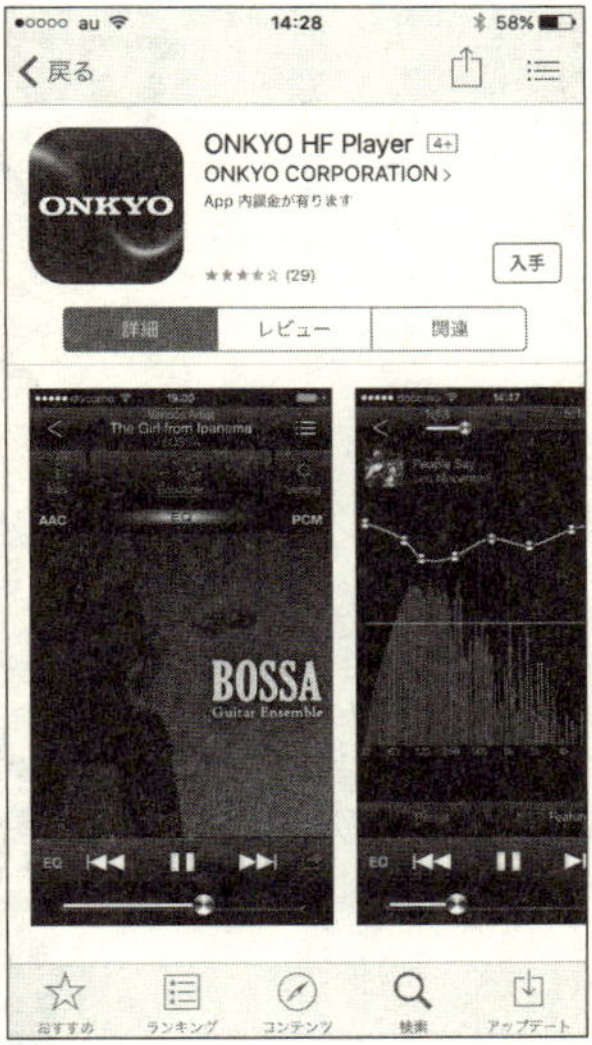

◀HF Playerは無料で入手できます(ハイレゾの再生は有償。175ページ)。iPhone用アプリは、ホーム画面の「App Store」をタップすると表示されるアプリストアから入手できます。なお、アプリを入手するためには、事前にApple IDを取得しておきます。

▶Android版のHF Playerも無料です(ハイレゾの再生は有償。175ページ)。ホーム画面のGoogle Playストアのアプリストアから入手できます。事前にGoogleアカウントを取得しておきましょう。

075 アプリをハイレゾ対応にする【HF Player】

KeyWord

制限解除

DSD対応

無料で使えるＨＦ Ｐｌａｙｅｒですが、そのままではアプリの能力を最大限発揮することはできません。無料で使っている間、出力サンプリング周波数が最大48ｋＨｚに制限されており、ＦＬＡＣなどのハイレゾデータを再生しても、ハイレゾ品質にはなりません。この制限は、有償で解除できます。左ページを参考に制限を解除してください。なお、ＯＮＫＹＯの「ＤＡＣ-ＨＡ２００」を使っている場合は、解除の必要もなく有料版の機能が使えます。

機能制限を解除すると、48kHz以上の出力が可能になるほか、DSDの音楽ファイルも再生できるようになります（要DSD対応ポタアン）。また、音楽ファイルのサンプリング周波数を整数倍し、ポタアンが対応する最大のサンプリング周波数に変換して再生する**アップサンプリング機能も利用でき、**既存の音楽ファイルをより高音質で楽しめるようになります。

ここに注目! HF Playerの機能制限を解除する

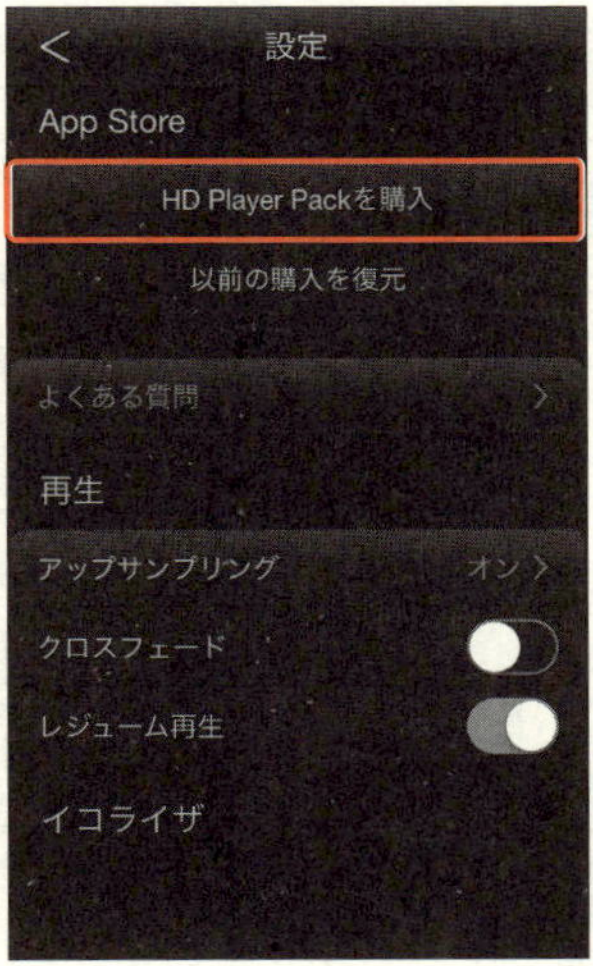

◀iPhoneの場合、をタップしてアプリの設定画面を表示し、「HD Player Packを購入」ボタンをタップして購入手続きを進めると、機能制限が解除されます。機能制限の解除は1,200円で、支払い時にApple IDの入力が求められます。

▶Androidでは、Google Playストアで「Onkyo HF Player Unlocker」(1,000円)を購入することで、機能制限が解除されます。

076

ハイレゾを転送する［HF Player］

KeyWord
ファイル共有
iTunes

FLAC、ALAC、DSDなどのハイレゾの音楽ファイルをスマートフォンで聴くには、まずスマートフォンにハイレゾのファイルを転送します。

Androidの場合ほとんどの機種は、PCとつなげば**エクスプローラーやMacのFinderから、内蔵メモリ、あるいはmicroSDカードの中身を操作できる**ので、スマートフォン内の任意のフォルダーにハイレゾの音楽ファイルをコピーします。また、MusicBeeなら163ページのように設定することで、ライブラリのハイレゾの音楽ファイルをAndroidスマートフォンに転送できます。

iPhoneではiTunesを経由します。ただし、158ページで解説したように**通常の音楽転送機能ではハイレゾは転送できないため、ファイル共有機能を使います**（左ページ下図）。ファイル共有は、iPhoneのアプリに対して直接ファイルを転送する機能です。

ここに注目!　Androidではドラッグ&ドロップ iPhoneではiTunesの設定画面で行う

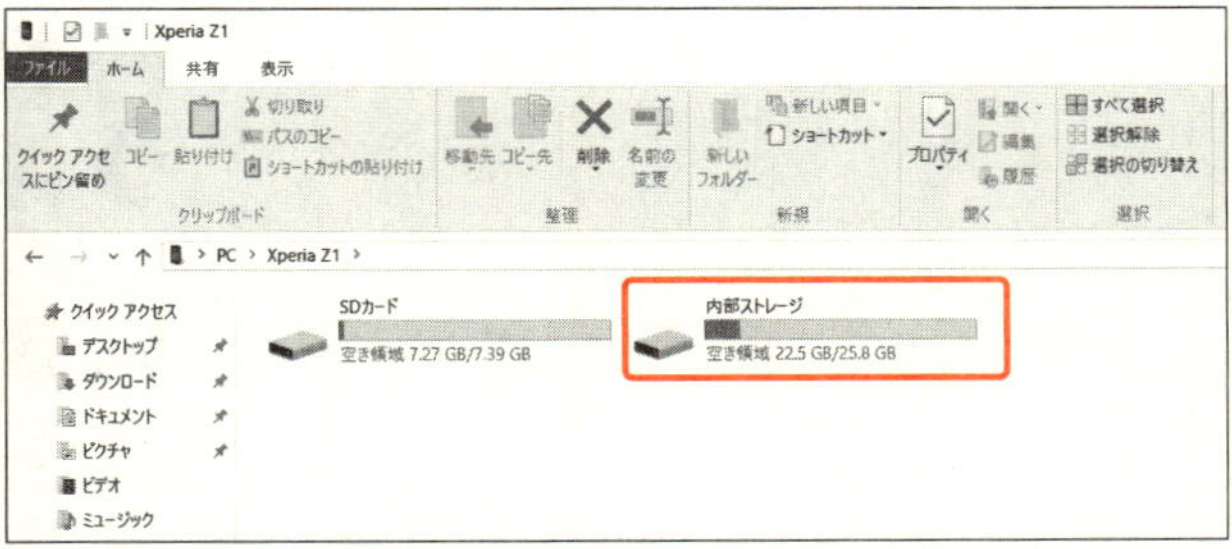

▲Androidは外付けUSBメモリと同様に、PCとつなぐことで内蔵メモリなどにアクセスできるので、任意のフォルダーにハイレゾの音楽ファイルをコピーします。

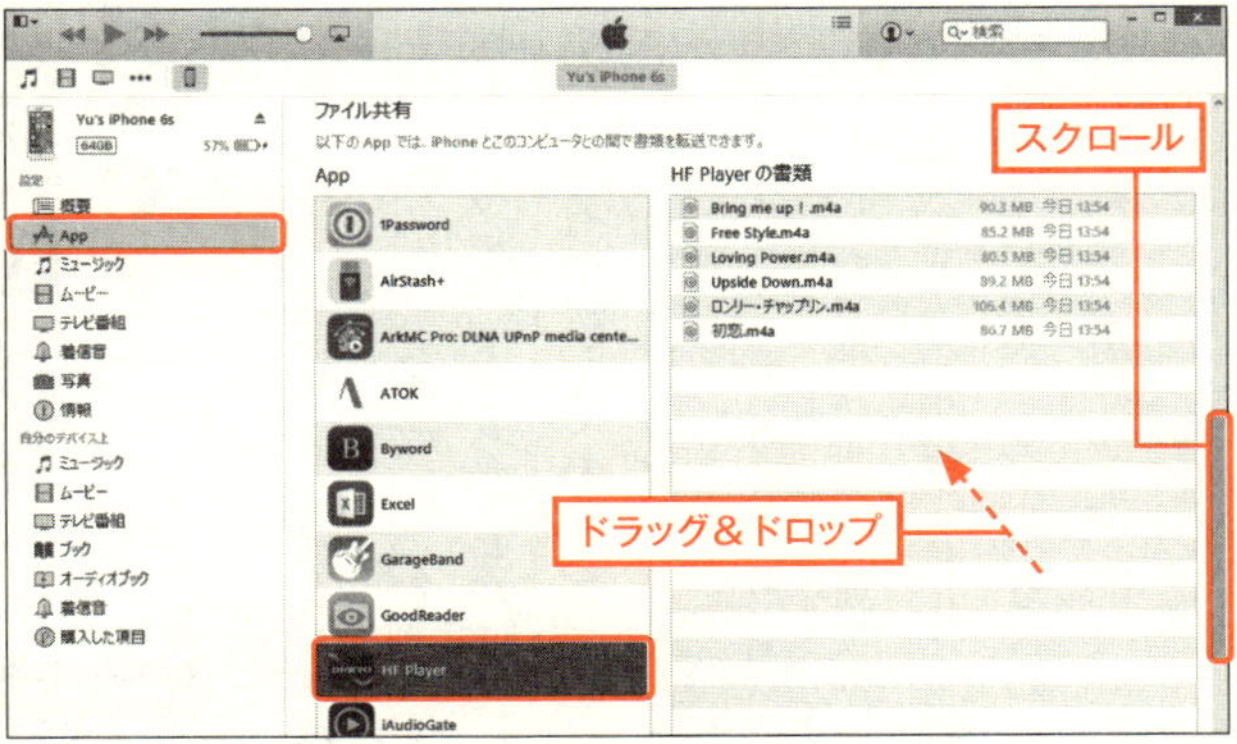

▲iPhoneの場合はiTunesでiPhoneの設定画面から、「App」を選択し、画面の下部にスクロールして「ファイル共有」で「HF Player」を選択し、「HF Playerの書類」にPCのハイレゾ音楽ファイルをドラッグ&ドロップします。

077 音楽を再生するための設定を行う［HF Player］

KeyWord

設定画面

USBドライバー

ＨＦ Ｐｌａｙｅｒでハイレゾを聴き始める前に、必要な設定を済ませておきます。まずは**PCから転送したハイレゾの音楽ファイルをアプリに読み込みます。**ここでは、ＯＮＫＹＯの「ＤＡＣ－ＨＡ－２００」を例に解説します。設定は、端末と接続した状態で行います。ｉＰｈｏｎｅでは設定画面から、同期の設定を行います。

Ａｎｄｒｏｉｄの場合は、同じく設定画面から読み込みを行い、続けて**USBドライバーを有効にします。**本体のみでハイレゾに対応している機種では必要ありませんが、ポタアンを外付けして使う場合は、有効にしておく必要があります。

好みに応じて**アップサンプリングも設定**します。アップサンプリングは、ポタアンに出力可能な最大値までサンプリング周波数を引き上げて再生する機能で、圧縮形式の音楽ファイルも含めて高音質化できることがあります。

ここに注目! 音楽ファイルをアプリに読み込ませAndroidではUSBドライバーを有効に

iPhone

▲機器接続後、確認画面が表示されたら、「OK」をタップします。アプリの⚙をタップして「設定」画面を表示します。

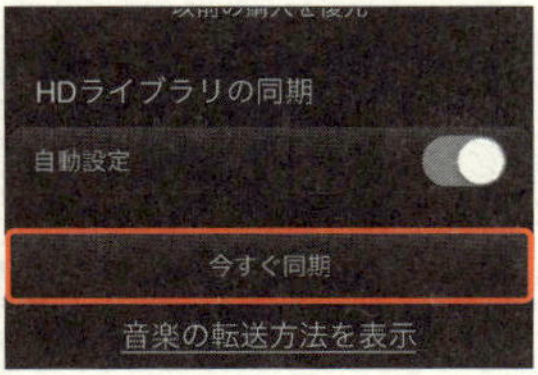

▲「今すぐ同期」をタップします。

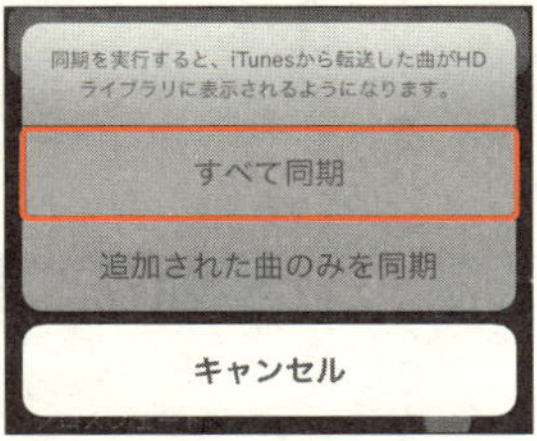

▲「すべて同期」をタップします。

Android

▲アプリの⚙をタップして、「設定」をタップします。

▲「音楽フォルダ」をタップして、ハイレゾの音楽ファイルが保存されたフォルダーを指定します。

▲高サンプリング周波数で出力するため、設定画面で「Onkyo USB HF Driverの有効」にチェックを入れます。アップサンプリング機能を利用する場合、「アップサンプリング」を「オン」にします。

078 機器を接続して接続先を設定する【E5／HA-2】

KeyWord

接続先

設定画面

「DAC-HA-200」の場合は、接続後の設定はとくに必要ありません。前ページで解説した設定を行うことで、すぐに利用が可能になります。

ここでは、本書で紹介している残りの2機種、**「Sound Blaster E5」**と**「HA-2」**を**スマートフォンに接続した後、接続先を設定する方法**を解説します。

といってもiPhoneやiPadなどのiOSデバイスに接続する場合は、とくに設定の必要はなく、**接続を終えれば、そのままポタアンを利用**することができます。

Androidの場合も、とくに難しいことはなく、**基本的には画面の指示に従って進めていくだけ**です。ただし、スマートフォンの機種によっては、表示される画面が異なったり、画面そのものが表示されない場合があります。ここで解説している画面が表示されなかった場合などは読み飛ばしてください。

ここに注目! 対応する変換ケーブルを介して接続し設定画面で確認する

Android

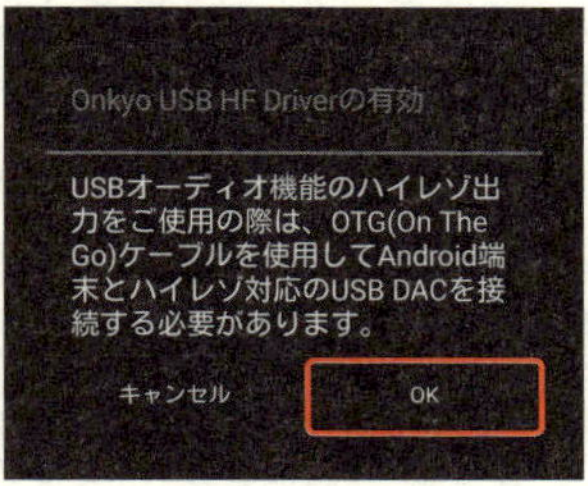
Onkyo USB HF Driverの有効
USBオーディオ機能のハイレゾ出力をご使用の際は、OTG(On The Go)ケーブルを使用してAndroid端末とハイレゾ対応のUSB DACを接続する必要があります。
キャンセル
OK

◀AndroidのOnkyo HF Playerの設定画面で「Onkyo USB HF Driverの有効」をタップしてチェックを入れると（179ページ）、この画面が表示されるので、「OK」をタップします。

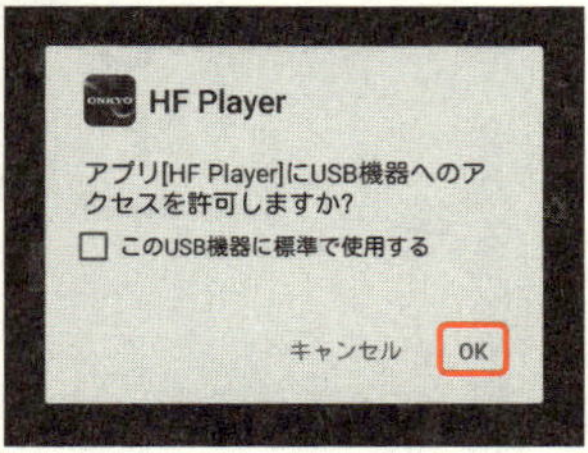
HF Player
アプリ[HF Player]にUSB機器へのアクセスを許可しますか?
このUSB機器に標準で使用する
キャンセル
OK

◀続けてこの画面が表示されるので、「OK」をタップします（接続後、すぐに表示される場合もあります）。

「Sound Blaster E5」の場合、iPhone、Androidともに、アプリケーションがインストールされていない旨の画面が接続後に表示されます。ここで「ビュー」をタップすると、アプリ内から直接Sound Blaster E5の設定を変更できる「Sound Blaster Central」をインストールできます。「Onkyo HF Player」を利用する場合は、「キャンセル」をタップします。

079

ハイレゾを再生する［HF Player］

KeyWord

「HD」ボタン

音楽フォルダ

　本書では、Onkyo HF Playerでのハイレゾ再生のみ解説します。ポタアンをスマートフォンにつないだら、いよいよハイレゾを再生します。Onkyo HF Playerでハイレゾを再生するには、画面に表示される一覧から目的の曲をタップします。

　177ページの手順でスマートフォンに転送したハイレゾの音楽ファイルは、**iPhoneの場合、画面の「HD」をタップすると表示**されます。

　Androidでは、歯車アイコンをタップして「設定」をタップすると表示される設定画面で、**ハイレゾを保存したフォルダーを指定**すると、アプリにハイレゾの音楽ファイルが読み込まれ、表示と再生ができるようになります。

　なお、本体単体でのハイレゾ再生に対応しているスマートフォンではない場合、AndroidではポタアンをつないでもCD音質での再生になります。

ここに注目! iPhoneでは「HD」から、Androidでは音楽ファイルの一覧から操作する

iPhone

▲iPhoneでは画面上の「HD」をタップすると、ハイレゾを表示できます。アーティスト名をタップして目的の曲を再生します。

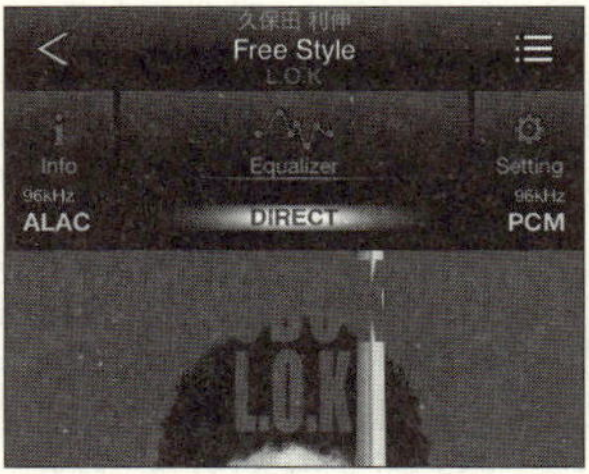

▲再生中の画面。ハイレゾで再生されているかどうかは、画面右上のサンプリング周波数の表示で確認できます。

Android

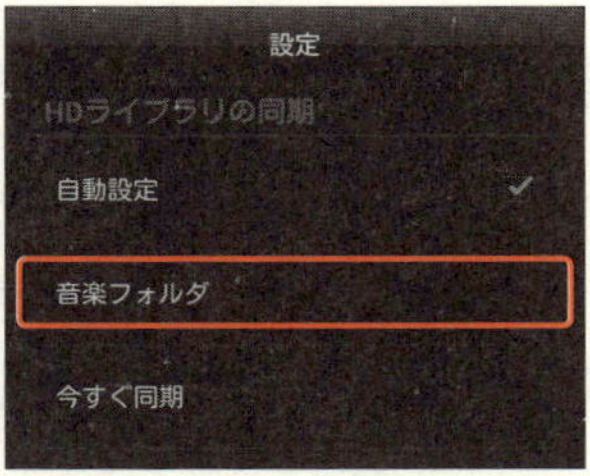

▲Androidでは、Onkyo HF Playerの設定画面で「音楽フォルダ」をタップします。

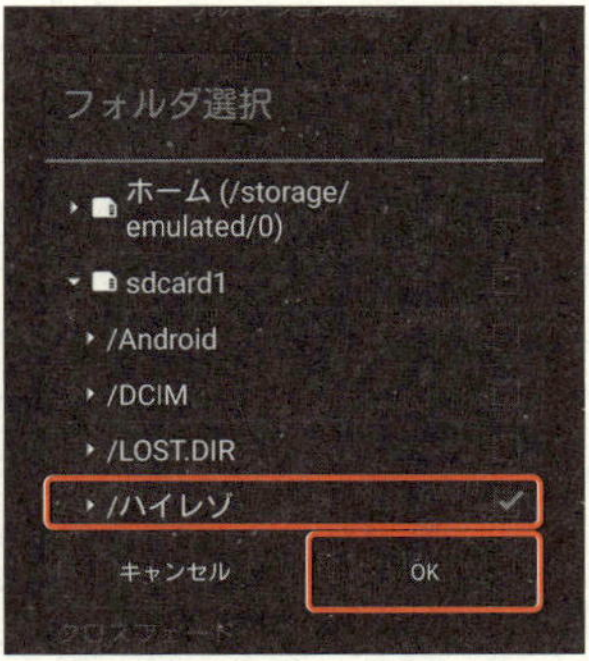

▲ハイレゾの音楽ファイルを保存したフォルダーにチェックを入れ、「OK」をタップします。読み込んだ音楽ファイルの再生方法はiPhoneと同じです。

Column

そのほかの音楽プレーヤーアプリについて

コラム 8

「NePlayer」は、iPhoneとAndroidの両方に対応するスマートフォン用音楽プレーヤーアプリです。Onkyo HF Playerと同様にハイレゾの音楽ファイル再生に対応し、最大32ビット／384kHzのPCM、11.2MHzのDSDの再生が可能です。サンプリング周波数や音楽ファイルの形式で曲を検索できる機能が備わっているので、スマートフォン内に大量の音楽ファイルがある場合でも、ハイレゾをすばやく抽出して再生することができます。

◀NePlayerは操作しやすい美しいイコライザー機能や、MP3やAACなどの「CD音質」の音楽ファイルをハイレゾ相当のサンプリング周波数に引き上げて再生するアップサンプリング機能などを備え、ユーザーの音質へのこだわりにも応えてくれます。ポタアンとの接続（168～171ページ）やUSBドライバーの設定（178～181ページ）などは、各解説ページを参考に行ってください。

第9章

[ネットワーク編]

ネットワークオーディオシステムを楽しもう

080

音楽をさまざまな機器で楽しむ

KeyWord

NAS

ルーター

ここまでは、さまざまな音楽ファイルをPC単体で再生する方法について解説してきました。次は、タブレットやリビングのコンポなど、家中のデバイスで音楽ファイルを聴くことにチャレンジしてみましょう。これを実現するのが、**ネットワークオーディオシステム**です。

ネットワークオーディオシステムは、**ルーターを介して有線／無線LANでつながったデバイス間で音楽ファイルを共有し、それぞれで再生する仕組みです。**基本的にPCだけに音楽ファイルが保存されていればほかの機器から再生できるのですが、その場合、PCの電源を入れておかなければならず、スマートとはいえません。ネットワークオーディオシステムをスマートに運用するための中核となるのが、**PCのかわりに音楽ファイルを保存する「NAS（Network Attached Storage）」なのです。**

ここに注目! NAS＋ルーターで機器を連携する

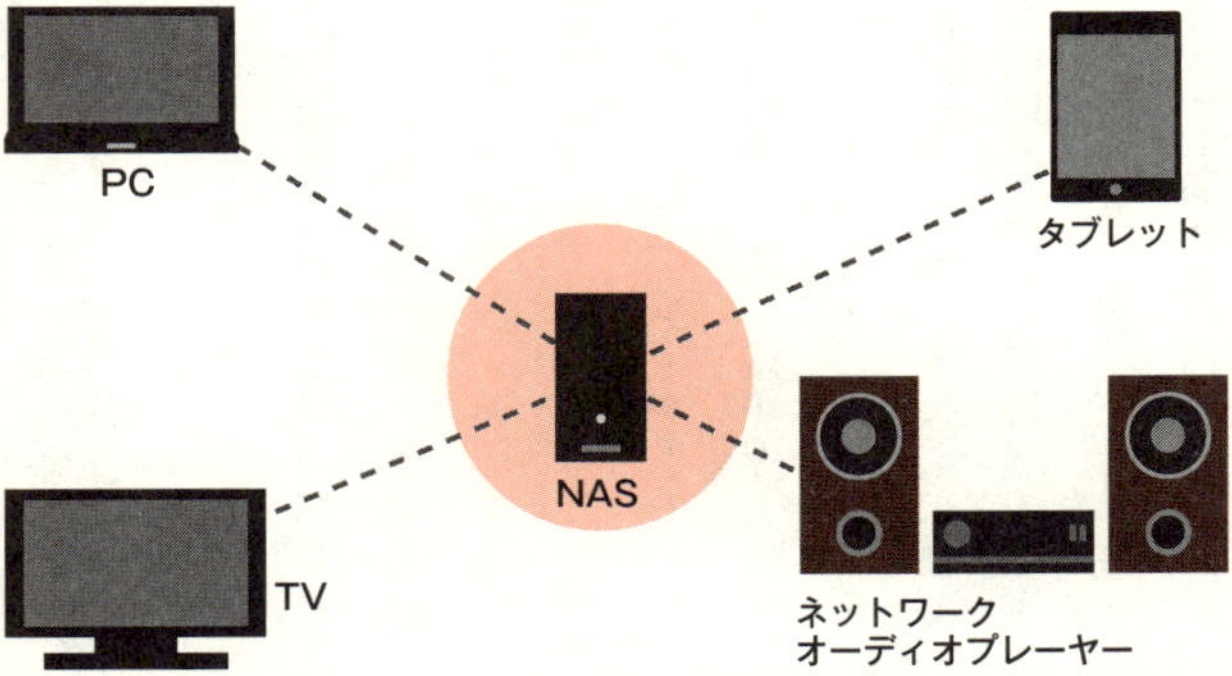

▲イメージ図。家庭内にインターネット回線が引かれ、PCやゲーム機など、複数のデバイスからインターネット利用ができる環境であれば、NASを追加するだけでネットワークオーディオシステムができます。低消費電力で常に動作しているNASに音楽ファイルを保存しておけば、PCを起動することなく、さまざまなデバイスでNAS内の音楽ファイルを再生できます。

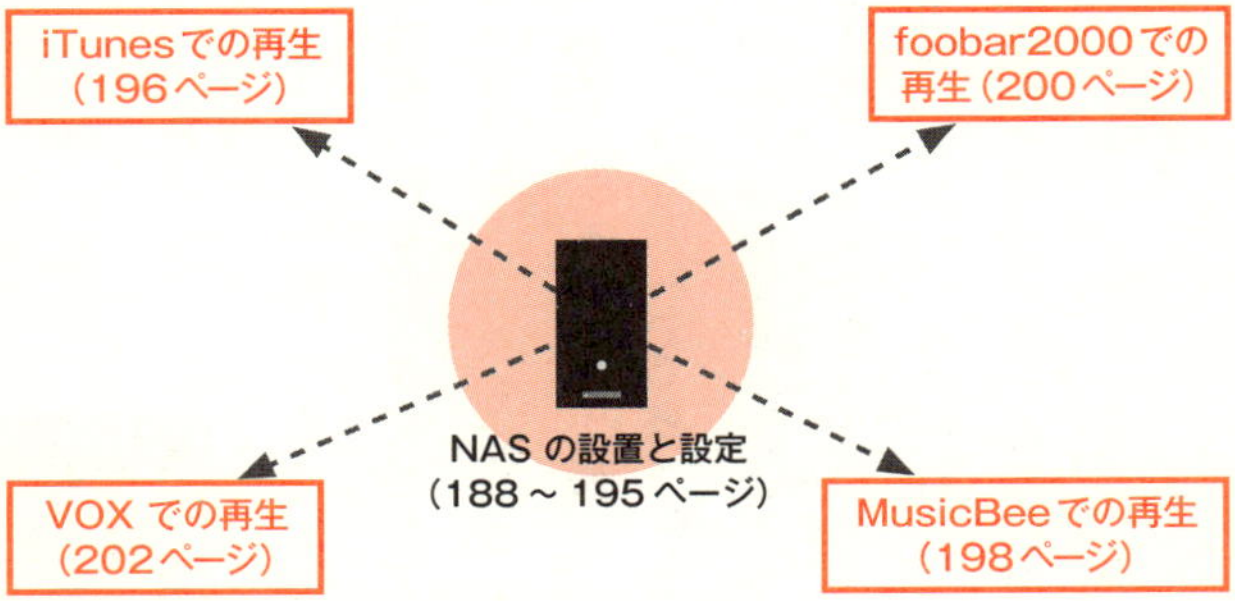

▲本章で解説するネットワークオーディオの概要

081

ＮＡＳを設置する

ＮＡＳの設置は難しい作業ではありません。**ＮＡＳの機種を問わず、既存の家庭内ネットワークにＮＡＳを追加するだけで、すぐにＮＡＳを稼働させることができます。**基本的には、ルーターのＬＡＮ端子と、ＮＡＳのＬＡＮ端子をＬＡＮケーブルでつなぐだけです。ルーターのＬＡＮ端子がほかの機器との接続に使われて空きがない場合は、ＬＡＮ端子を複数備える**ハブ**を仲介しても構いません。

ルーターはできるだけ高速なデータ通信に対応しているものをおすすめします。**ＮＡＳをつなぐ有線ＬＡＮが「ＧｂＥ（ギガビットイーサネット）」、ＰＣやタブレットなどから接続できる無線ＬＡＮが「ＩＥＥＥ８０２・１１ｎ」以上**であれば、ファイルサイズの大きいハイレゾの音楽ファイルもスムーズに再生できます。もちろんルーターだけでなく、接続デバイス側もこれらの規格に対応している必要があります。

KeyWord

有線 LAN

無線 LAN

ここに注目! ハブを介して有線接続するか無線LAN機能でワイヤレス接続する

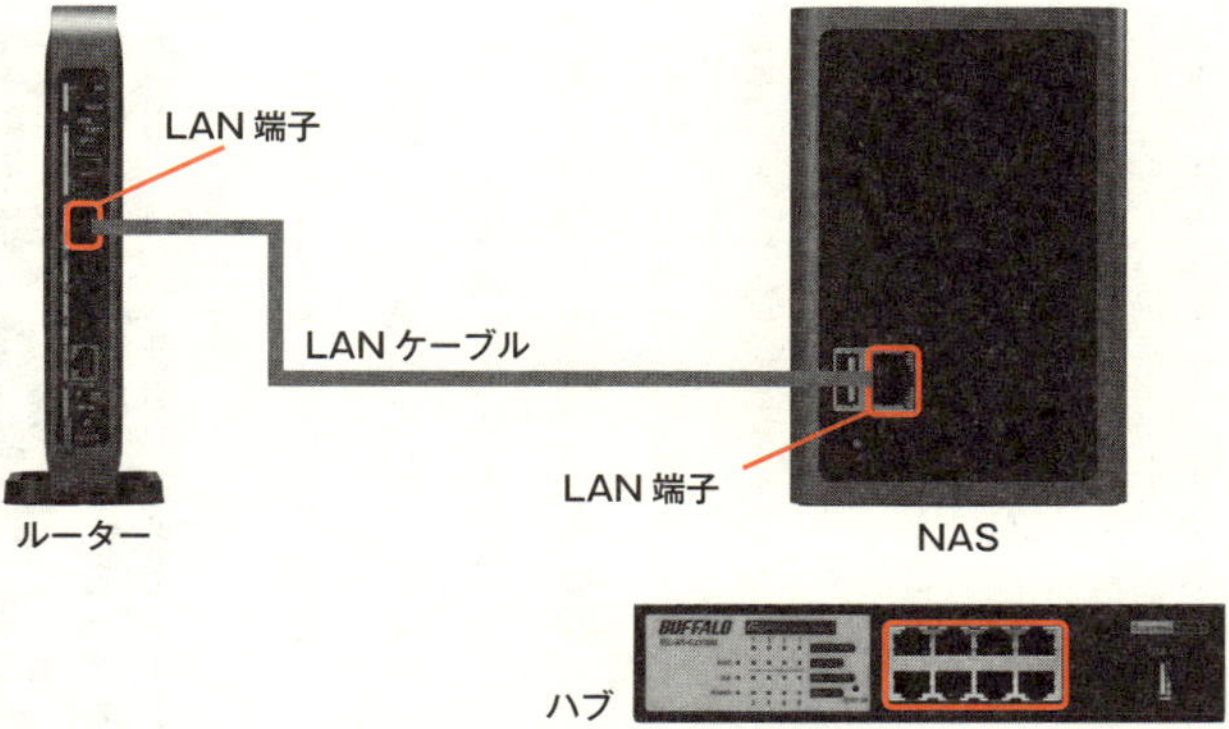

▲ネットワークオーディオシステムを有線LANでつくる場合は、ルーターのLAN端子に各デバイスを接続します。具体的には、NASやPCなどのLAN端子、ルーターのLAN端子をLANケーブルで直結します。ルーターのLAN端子が少ない場合は、ハブを介して接続しましょう。

▲無線LANによる例。LANケーブルを接続できないスマートフォンやタブレットなどは、無線LAN機能を備えるルーターにワイヤレスで接続し、NASの音楽ファイルを再生します。

082

ユーティリティソフトを導入する【NAS設置後の設定①】

KeyWord

LS421D

ダウンロード

ネットワークオーディオシステム用として販売されているＮＡＳには、ユーティリティソフトが付属しています。

ユーティリティソフトには、ＮＡＳの設定を変更したり、ＮＡＳ内のファイルやフォルダーをかんたんに表示したりするための機能が備わっているので、ＮＡＳの設置後はＰＣにインストールしておきましょう。本書では、ネットワークオーディオ用のＮＡＳである**「ＬＳ４２１Ｄ」**を使ってネットワークオーディオシステムを解説していますが、ほかのＮＡＳでも設定の方法は大きく変わりません。

ＬＳ４２１Ｄのユーティリティソフトは、メーカーの公式サイトからダウンロードできます。製品付属のＣＤ-ＲＯＭにもユーティリティソフトが収録されていますが、バージョンが古い場合があります。セキュリティなどの面から、なるべく**最新版のユーティリティソフト**を使った方がいいので、ダウンロード版を利用するようにしましょう。

ここに注目! インストーラーの指示に従ってインストールする

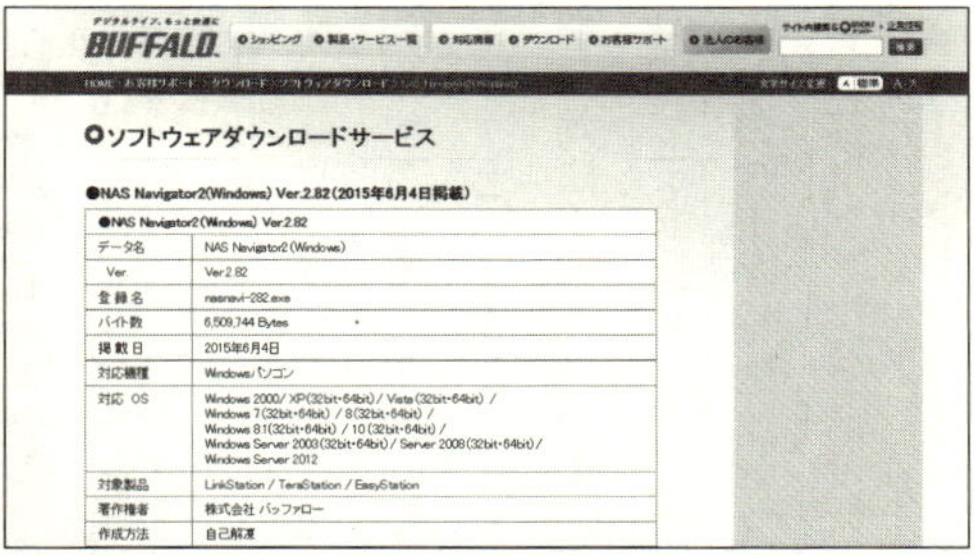

▲公式サイト(http://buffalo.jp/download/driver/hd/nasnavi.html)にアクセスして、ユーティリティソフトをダウンロードします。Macの場合はhttp://buffalo.jp/download/driver/hd/nasnavi-mac.htmlからダウンロードします。

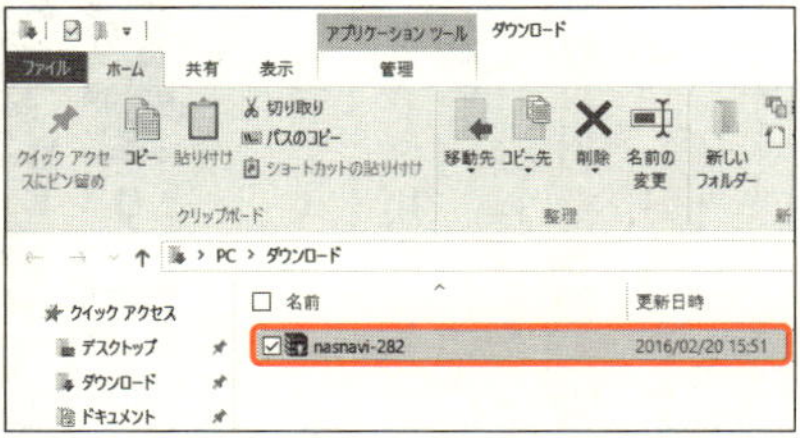

◀ダウンロードしたインストーラーをダブルクリックするとインストールが開始されます。

◀インストールが完了すると、デスクトップ(MacではLaunchpad)に「NAS Navigator 2」のショートカットが作られます。

083

NASの基本設定を行う【NAS設置後の設定②】

KeyWord

DLNA

iTunesサーバー機能

NASをネットワークオーディオシステム用途で使用する場合に欠かせない設定が、**「DLNA」**と**「iTunesサーバー機能」**を有効にすることです。

DLNAは、NASに保存された音楽、動画、写真などのデータをネットワーク内に配信するための**データ通信規格**です。DLNAを**有効にしておくことで、NAS内の音楽ファイルをスマートフォンの内蔵メモリなどに保存することなく再生することができます。**

iTunesサーバー機能は、iTunes用に音楽ファイルを配信する機能で、**NAS内の音楽ファイルをPC内に保存したものと同じように、iTunes上で閲覧／再生できます**（196ページ）。

本書で解説する「LS421D」では、ユーティリティソフトから設定画面を表示し、そこで2つの機能の有効／無効を切り替えることができます。

ここに注目! DLNAとiTunesサーバー機能を有効にする

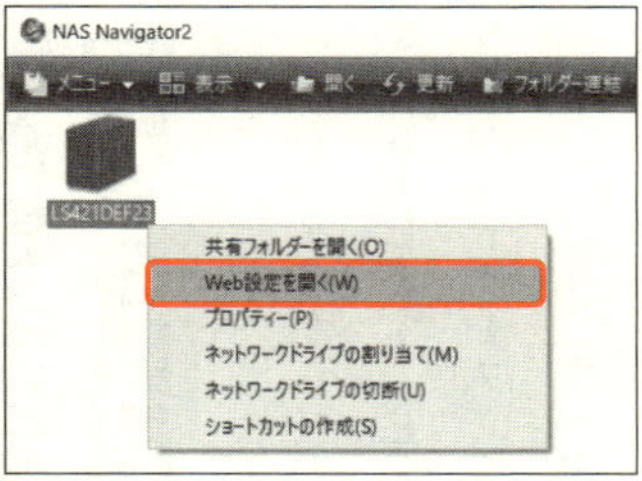

◀「BUFFALO NAS Navigator2」を起動し、NASのアイコンを右クリックして、「Web設定を開く」をクリックします。

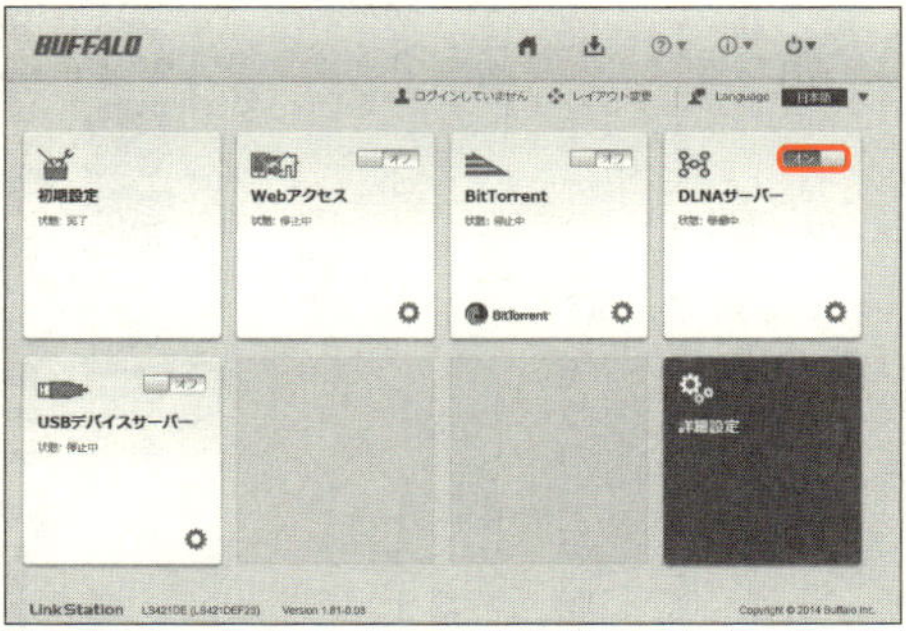

◀Webブラウザで設定画面が表示されます。「DLNAサーバー」のスイッチをクリックして「オン」にします。

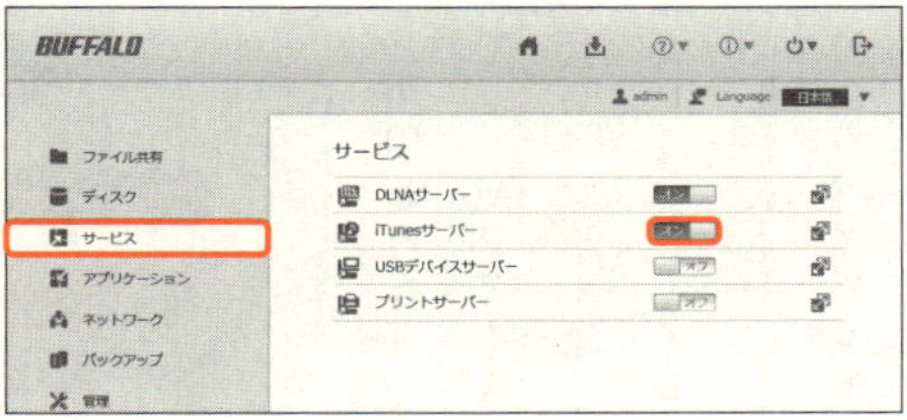

◀上図で「詳細設定」をクリックすると表示される画面です。「サービス」をクリックして、「iTunesサーバー」のスイッチをクリックし、「オン」にします。

084

NASに音楽ファイルをコピーする【NAS設置後の設定③】

KeyWord

共有フォルダー

ドラッグ&ドロップ

設定が済んだら、PCからNASに音楽ファイルをコピーします。PCやMacからNASの内蔵ドライブに接続する方法は左ページのとおりですが、**一度接続してしまえば、ファイルのコピーの操作はPCでのコピーの方法と変わらず、ドラッグ&ドロップで行えます。**また、NAS内のファイルを削除したり、フォルダーを作成したりするのも同様です。**音楽ファイルはNAS内にあらかじめ用意されている共有フォルダーにコピーします。**

ネットワークオーディオ用のNASである「LS421D」では、MP3やAACなどの圧縮形式の音楽ファイルはもちろん、FLAC、WAVなど、ハイレゾの音楽ファイル形式の配信にも対応しています。また、DSDのファイルも配信可能で、それぞれのファイルを単純に共有フォルダーにコピーするだけで、ネットワーク内のほかのデバイスから再生できるようになります。

ここに注目! 共有フォルダーに、音楽ファイルなどをドラッグ&ドロップする

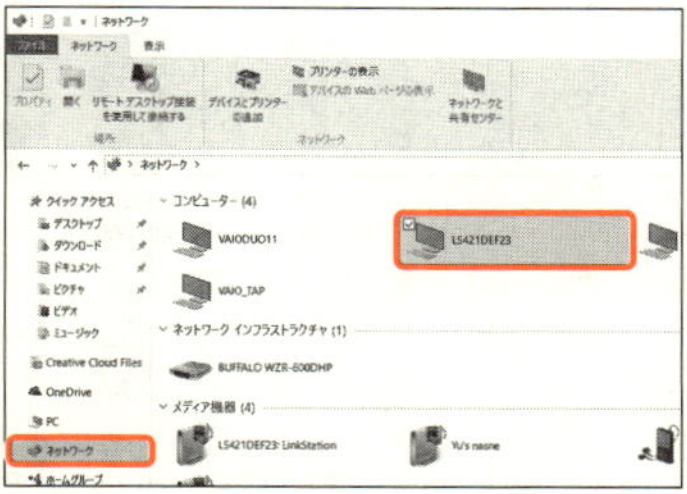

◀Windowsでは、エクスプローラーのウィンドウのサイドバーで「ネットワーク」→「(NASの名前)」をクリックすると、共有フォルダーを表示できます。

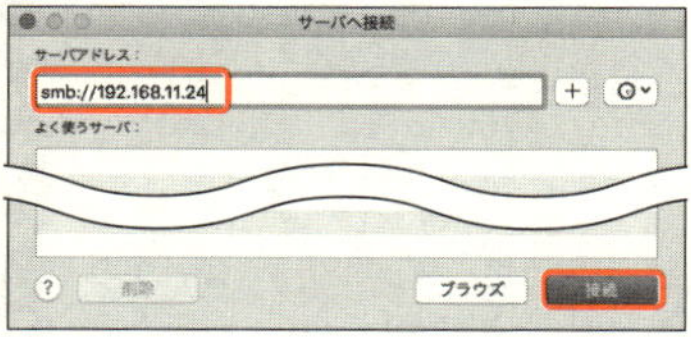

◀MacではFinderの「移動」メニューで「サーバへ接続」をクリックします。表示される画面でNASのIPアドレスを入力し、「接続」をクリックします。

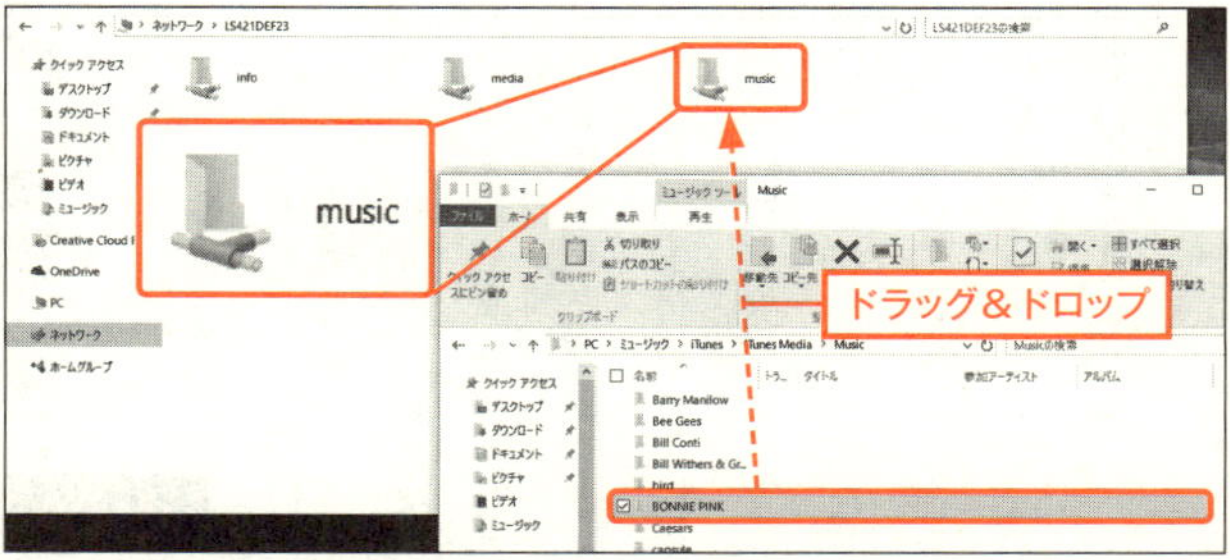

▲共有フォルダー(「Share1」「Share2」など)内に音楽ファイルや音楽ファイルの入ったフォルダーをドラッグ&ドロップでコピーできます。共有フォルダー内にフォルダーを作ることもできます。

085

iTunesでNASの音楽を再生する

KeyWord

iTunesサーバー機能

ライブラリ

ＮＡＳに保存した音楽ファイルをＰＣで再生する場合も、音楽プレーヤーソフトを使います。まずは定番のｉＴｕｎｅｓを使う方法について解説します。

ｉＴｕｎｅｓサーバー機能を搭載し、有効にしたＮＡＳであれば、左ページ上図のように**ｉＴｕｎｅｓのライブラリをＮＡＳに切り替えること**で、**ＮＡＳ内の音楽ファイルをＰＣ内の音楽ファイルと同じ操作で再生できます。**事前に１９３ページの設定をしておきましょう。

ＮＡＳにｉＴｕｎｅｓサーバー機能がない場合は、左ページ下図のように、ＮＡＳの共有フォルダー内に新たにライブラリを作成して運用します。ライブラリをＮＡＳに作っておけば、以降ｉＴｕｎｅｓに取り込んだ音楽ファイルが自動的にＮＡＳに保存されるようになります。

なお、ＦＬＡＣやＤＳＤなどｉＴｕｎｅｓが非対応の音楽ファイルは、いずれの方法でも再生できません。

ここに注目! iTunesサーバー機能がない場合は共有フォルダー内にライブラリを作成する

▲iTunesサーバー機能が有効なNASがネットワーク内にあると、iTunesのウィンドウ左上にボタンが表示されるのでクリックします。メニューから「(NASの名前)」をクリックすると、NASの音楽ファイルがiTunesに一覧表示されて、再生できるようになります。

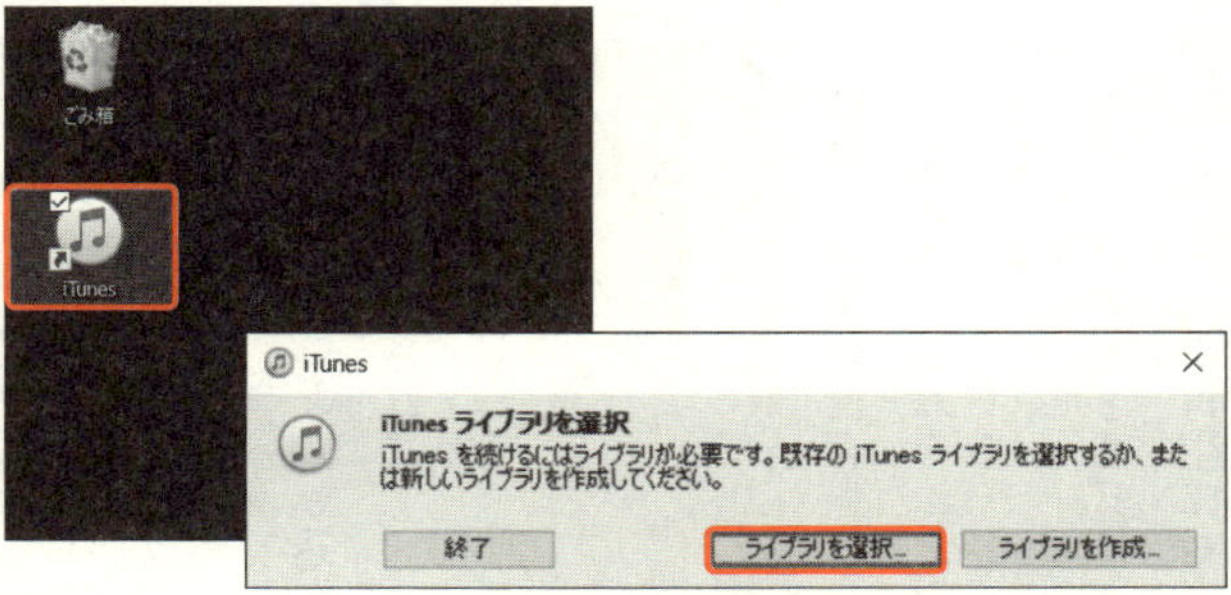

▲PC内の既存のライブラリ(「ミュージック」フォルダーの「iTunes」フォルダー)をNASにコピーします。続けて、デスクトップにあるiTunesのショートカットを[Shift]キー(Macでは[option]キー)押しながらダブルクリックして起動すると、ライブラリを選択/作成画面が表示されます。この画面で「ライブラリを選択」をクリックし、コピーした「iTunes」フォルダー内の「iTunes library.itl」を選択し、「開く」(Macでは「選択」)をクリックしてライブラリを作成します。

086 MusicBeeでNASを利用する

KeyWord

リンクの登録

保存先フォルダー

80ページで解説したＭｕｓｉｃＢｅｅを音楽ファイルの再生に使っている場合も、ＮＡＳが利用できます。

ＭｕｓｉｃＢｅｅではフォルダー単位で音楽ファイルを読み込み、ライブラリに追加できます。追加といっても、ＮＡＳの共有フォルダーにある音楽ファイルをＰＣ内にコピーするのではなく、**音楽ファイルへのリンクを登録する**だけです。実際には音楽ファイルを再生するときにだけ、ＮＡＳからデータを読み込み、再生が終了すると読み込んだデータはＰＣ内から破棄されます。

ＮＡＳの音楽ファイルを読み込むには、**ファイルのインサート機能を使って、ＮＡＳの音楽ファイルの保存先フォルダーを指定します。**このとき、読み込む音楽ファイルの保存先として「ライブラリ」を選択しておくことを忘れないようにしましょう。

なお、ＭｕｓｉｃＢｅｅはハイレゾの音楽ファイルの再生に対応しています。

ここに注目! 音楽ファイルへのリンクを登録する

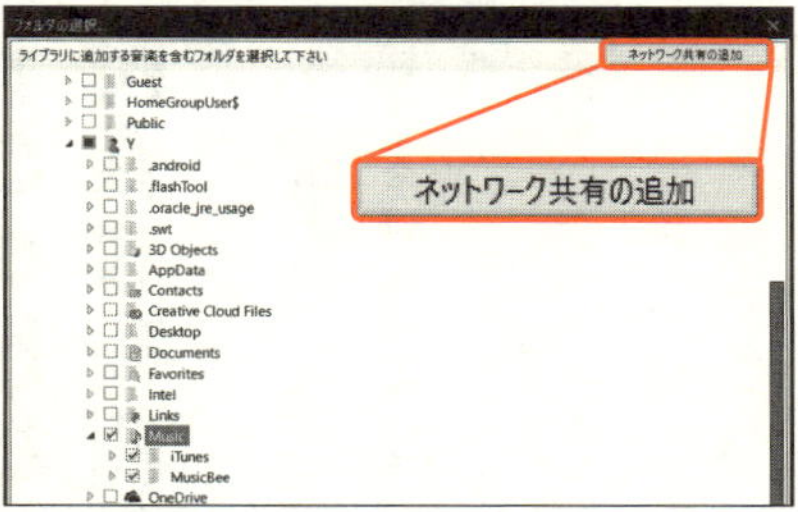

◀「MusicBee」→「ファイル」→「フォルダをスキャン」をクリックすると表示される画面で、「ネットワーク共有の追加」をクリックします。

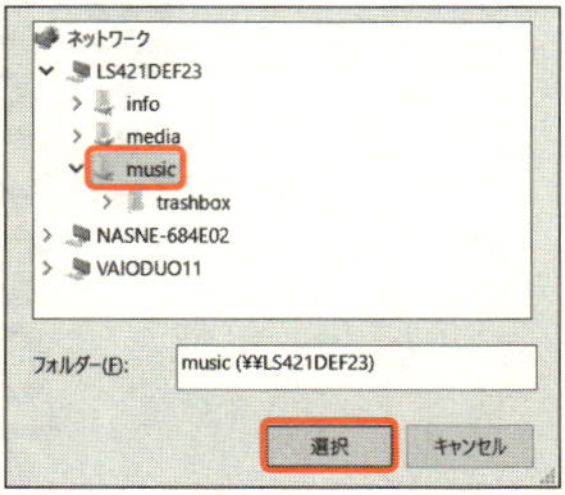

◀NASの共有フォルダー内の音楽ファイルの保存先フォルダーを選択し、「選択」をクリックします。「フォルダの選択」画面に戻ったら、「OK」をクリックします。

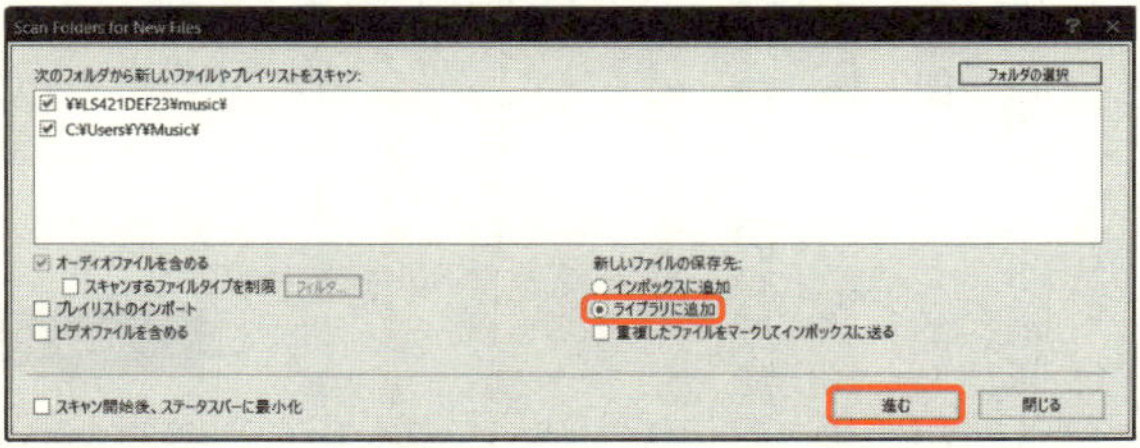

▲「新しいファイルの保存先」で「ライブラリに追加」を選択し、「進む」をクリックすれば完了です。

087

foobar2000でNASを利用する

KeyWord

共有フォルダー

保存先フォルダー

カスタマイズの選択肢が豊富で、ハイレゾの再生にも完全対応する音楽プレーヤーソフトのｆｏｏｂａｒ２０００を使っている場合も、音楽ファイルの保存はＮＡＳに任せて、再生だけをＰＣ上で行うことができます。とくにハイレゾの音楽ファイルは、１曲が数十～数百ＭＢものファイルサイズになるので、データの保存に特化したＮＡＳを利用することで、ＰＣの内蔵ドライブをハイレゾで占有されずに済み、効率的に運用できます。

ｆｏｏｂａｒ２０００もＭｕｓｉｃＢｅｅと同様に、**ＮＡＳの共有フォルダー内の音楽ファイルの保存先フォルダーを読み込みます。**

なお、左ページの手順でＮＡＳの音楽ファイルを読み込むと、次回以降ｆｏｏｂａｒ２０００を起動する際、音楽ファイルの表示まで時間がかかることがあります。このような場合は事前に１９４ページの方法でＮＡＳに接続してから、ｆｏｏｂａｒ２０００を起動します。

ここに注目! NASの音楽ファイルの保存先フォルダーを読み込む

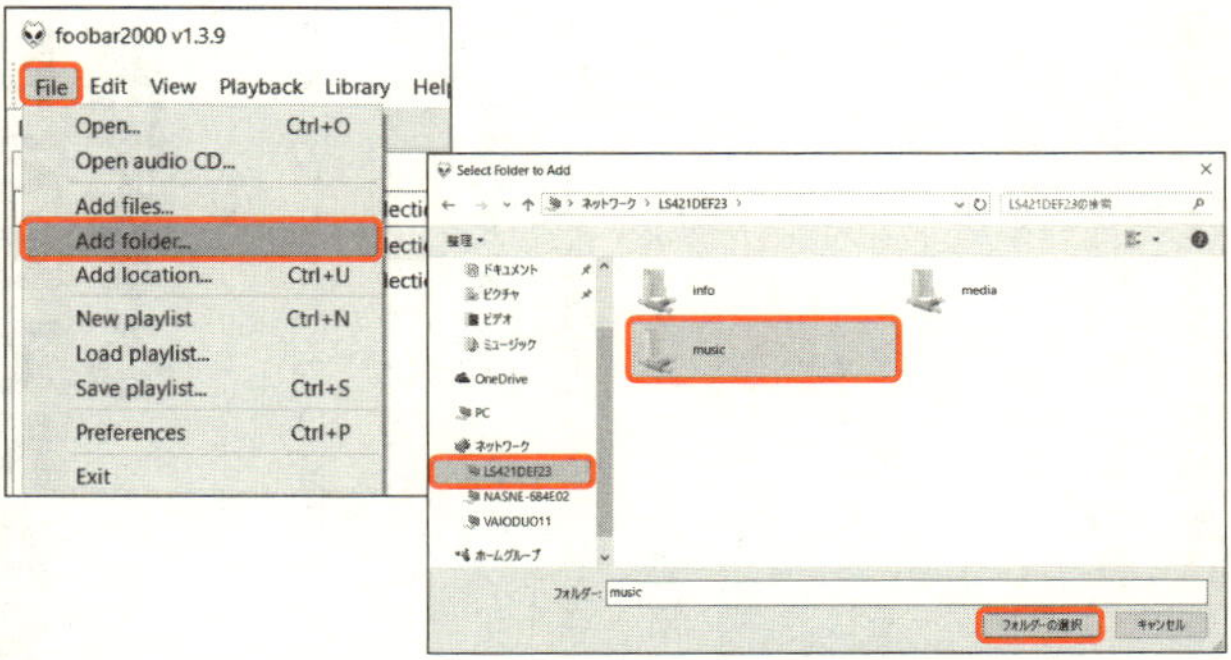

▲「File」メニューの「Add folder」をクリックし、NASの音楽ファイルの保存先フォルダーを選択して、「フォルダーの選択」をクリックします。

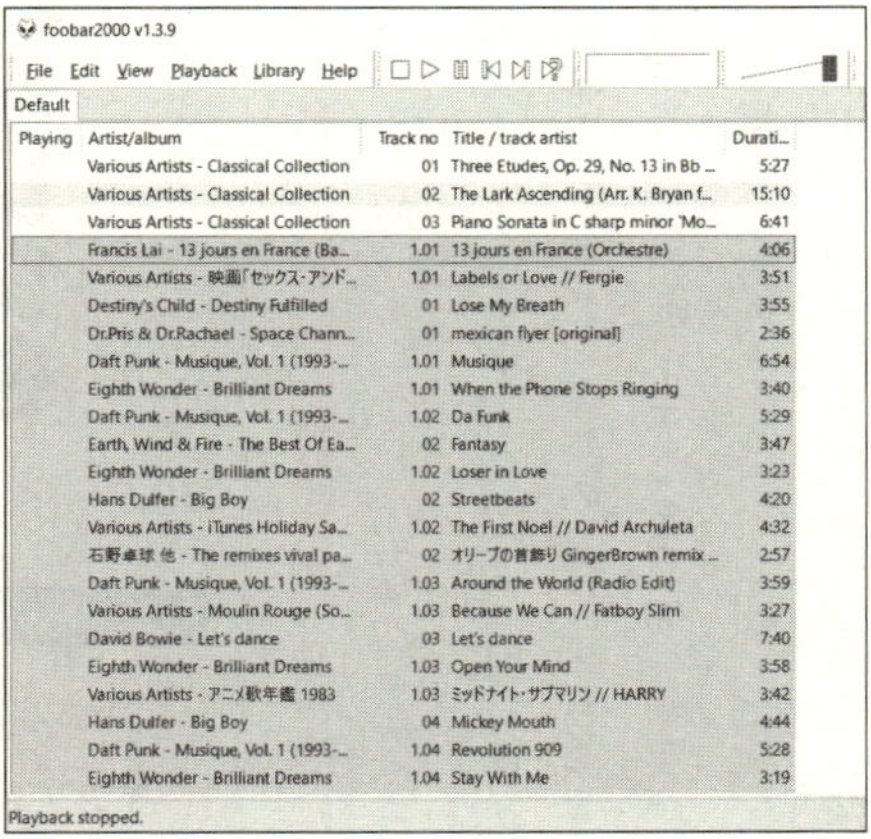

◀foobar2000のウィンドウにNAS内の音楽ファイルが一覧表示されます。PC内に保存した音楽ファイルと同様に、再生したり、プレイリストで管理したりできます。

088

ＭａｃでＮＡＳのハイレゾを再生する

KeyWord

ＶＯＸ

読み込み

ｉＴｕｎｅｓはＦＬＡＣやＤＳＤ形式のハイレゾ音楽ファイルに対応していないため、ＮＡＳに保存されたこれらのファイルをｉＴｕｎｅｓでは再生できません。そのため、Ｍａｃでは１２８ページで紹介した無料ソフト**「ＶＯＸ」**を使って、ＮＡＳのハイレゾ音楽ファイルを再生します。

ＶＯＸでも、ＭｕｓｉｃＢｅｅやｆｏｏｂａｒ２０００と同様、**ＮＡＳの音楽ファイルの保存先フォルダーを読み込むことで再生が可能になります。**具体的には「ファイル」メニューの「開く」から、保存先フォルダーを読み込みます。ＬＡＮ環境と音楽ファイルの量によりますが、読み込みが完了するまで少し時間がかかる場合があります。

再生方法はＭａｃ内に保存された音楽ファイルを扱う場合と同じです。また、プレイリストを作って好きな曲だけをまとめて再生することもできます。

ここに注目! VOXでNASの音楽ファイルを読み込む

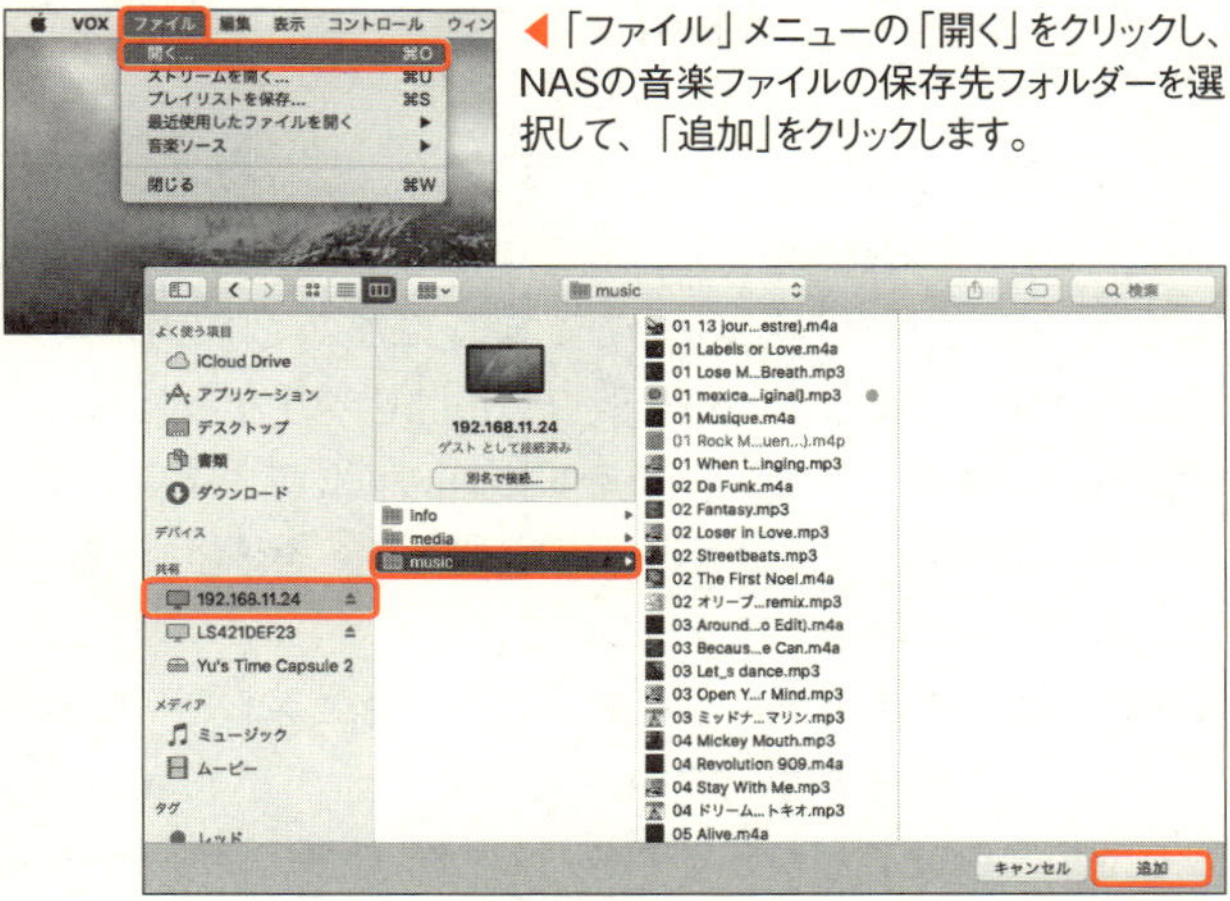

◀「ファイル」メニューの「開く」をクリックし、NASの音楽ファイルの保存先フォルダーを選択して、「追加」をクリックします。

◀音楽ファイルの一覧が表示されます。内蔵ディスクに保存した音楽ファイルに比べ、ダブルクリックから再生が開始されるまで少し時間がかかることがあります。

Column

コラム 9

ワイヤレスでも高音質を

古くからのオーディオファンの方の中には、「ワイヤレスのヘッドフォンの音質なんて、語るに値しない」と思っている人も多いのではないでしょうか。確かにかつてのワイヤレス製品は、ケーブルがないぶん取り回しはしやすかったものの、音質面では多くの人が疑問符を投げかけていました。しかしワイヤレス技術「Bluetooth」の登場以降、音質面でも侮ることのできない存在になりつつあります。

Bluetooth製品でチェックしたいのが「apt-X」と「LDAC」というデータ転送規格に対応しているかどうかです。apt-Xは、ワイヤレス製品でどうしても失われがちな音のディテールを保持したまま、高速に音楽データを受け渡す規格です。発信側（PCなど）と受信側（ヘッドフォンなど）の双方がこの規格に対応している必要がありますが、現在ではiPhoneも含めた多くのデバイスが対応しています。

LDACはさらにデータ転送の高速化を進めた規格です。apt-XがMP3やAACなどの非可逆圧縮ファイル形式のみで有効なのに対し、ハイレゾも高音質のままワイヤレスで再生できるのが特徴です。こちらも発信／受信側双方の対応が必要です。残念ながら2016年3月現在では、一部のソニー製品しか対応していませんが、多くの対応製品の登場に期待したいです。

第10章

［機器購入編］

こだわりの
オーディオ機器大全

089

ＤＡＣ、アンプ選びのポイント

KeyWord

複合型

単体アンプ

ＰＣオーディオにはＤＡＣが欠かせません。ＤＡＣには、デジタルデータをアナログ信号に変換する機能のみの単体製品と、アンプを内蔵した複合型の製品があります。複合型から派生して、バッテリーを備えて持ち運べるものがポタアンです（１５６ページ）。こうしたバリエーションから、**好みに合わせて製品を選ぶ**とよいでしょう（１６６ページ）。

ＤＡＣからのアナログ信号を受け、音質や音量を調整するのが「アンプ」です。

ＤＡＣやスピーカーに内蔵されることも多いアンプですが、**単体アンプならきめ細かく音質調整ができ、音の出力に大きなパワーが必要な大口径のスピーカーを駆動させることもできる**など、ＰＣオーディオをワンランク上のものにしてくれます。アンプはスピーカーを駆動させるための機器のため、音質への影響が少ないように思えるかもしれませんが、アンプによって音質の違いはあります。アンプも試聴した上で選ぶのが一番です。

ここに注目! USB DAC＋アンプ／単体アンプを用途に合わせて選ぶ

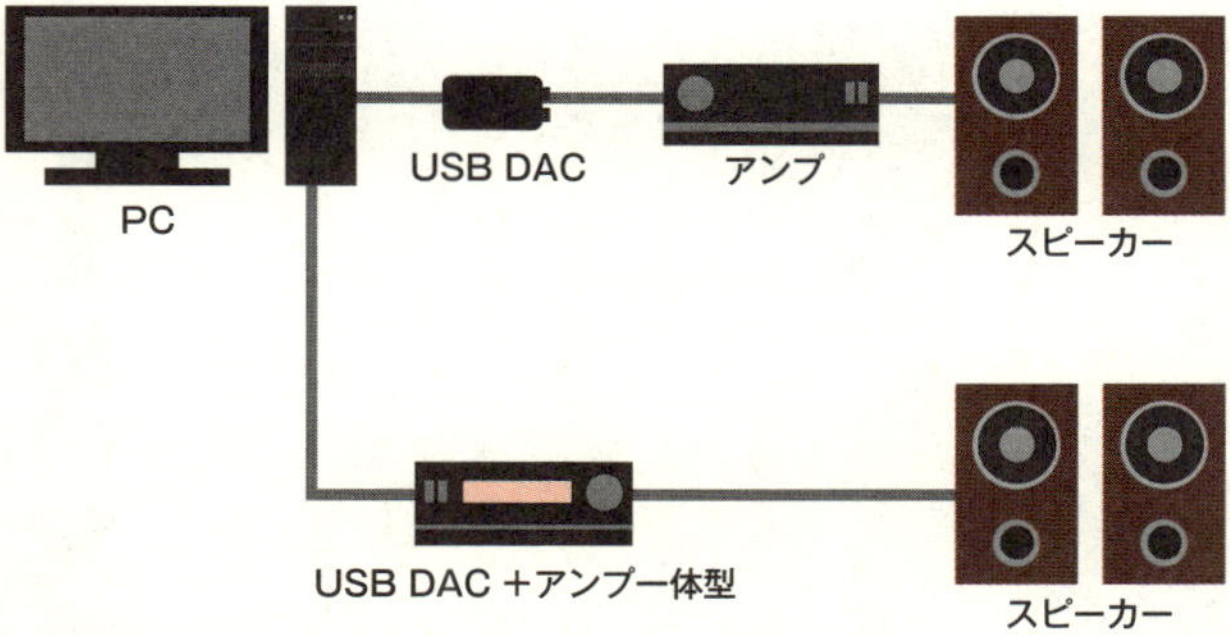

▲USB DACとアンプを組み合わせた例。USB DACとアンプが一体化した製品なら、コンパクトにできます。一方、単体のアンプを組み合わせれば、自分の好みの音質にチューニングしたり、大出力のスピーカーを接続したりと、自由度が高まります。

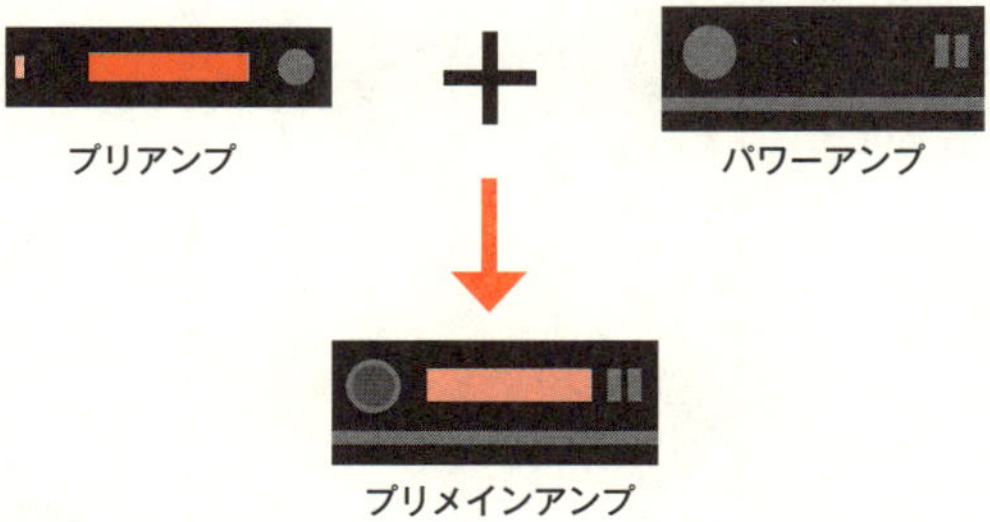

▲アナログ信号を調整する役割の「プリアンプ」、スピーカーを駆動させるために、アナログ信号を増幅する「パワーアンプ」。この2つの役割を1台にまとめたのが「プリメインアンプ」です。単体アンプで製品数が多いのは、プリメインアンプタイプです。

090 おすすめの定番DAC

KeyWord
UD-301
DS-DAC-100

本書では据え置き型ならではの拡張性の高さが魅力のUSB DAC、**「UD-301」**と**「DS-DAC-100」**の2製品をおすすめとしてピックアップしました。UD-301はアンプ一体型、DS-DAC-100はユニークな形状の単体USB DAC製品で、どちらもDSDに対応しています。

UD-301は、**DSDで最大5・6MHz、PCMで最大192kHz／24ビットの出力に対応**し、豊富な入出力端子を備えているので、さまざまなアンプやスピーカーを接続できます。

DS-DAC-100は、音楽再生ソフト「AudioGate 4」と連係して動作する単体USB DACです。**AudioGate 4との組み合わせでは、PCMの音源をリアルタイムDSD変換して再生**できます。なお、ポータブル型でスマートフォンでも使えるUSB DAC（ポタアン）については、167ページで紹介しています。

ここに注目! ハイレゾ／DSDに対応した単体かアンプ一体型がおすすめ

▲UD-301　TEAC
42,000円前後
ステレオの左右チャンネルごとにアンプとDACを搭載する「デュアルモノーラル」構成の本格派USB DAC。2系統の音声出力端子を備え、それぞれの出力をオン／オフできます。

▲DS-DAC-100　KORG
35,000円前後
独特の形状ながら、プロ向けのオーディオ入力機器で培った技術を投入した高性能な単体DACです。専用ソフト（Windows／Mac対応）との連携でさまざまな音源に対応します。

091

おすすめの定番アンプ

KeyWord

PMA-390RE

AX-501-SP

PCオーディオの高音質化を狙うなら、単体のアンプを導入しておきたいものです。現在販売されているアンプの主流は「プリメインアンプ」(207ページ)と呼ばれるもので、アナログ信号の調整とスピーカーへの出力という2つの役割に加え、入出力端子も数多く搭載して高い拡張性を備えているのが特徴です。

本書ではまず、**「PMA-390RE」**をおすすめします。手ごろな価格でありながら、**内部回路の徹底した防振機構や、音質に配慮したパーツの採用など、オーディオ専用メーカーならではのクリアーなサウンドが楽しめます。**

一方の**「AX-501-SP」**は、コンパクトなボディに**高級機並みの大容量電源ユニットを配置し、大型スピーカーとの組み合わせでパワフルな音を楽しむことができます。**また、豊富な入出力端子を備え、PC中心のシステムはもちろん、一般的なオーディオセットにも対応可能です。

ここに注目! 安定した高出力を実現するプリメインアンプがおすすめ

▲PMA-390RE　DENON
25,000円前後
シンプルな操作性のスタンダードなプリメインアンプです。定格出力50W+50W、最大100W+100Wと高出力なので、高級スピーカーにも対応できます。ボディカラーはシルバーとブラックが用意されています。

▲AX-501-SP　TEAC
45,000円前後
A4サイズのコンパクトボディに高性能を詰め込んだプリメインアンプです。こちらもボディカラーはブラックとシルバーから選択できます。音の振幅に合わせて動く指針式レベルメーターが外観的なアクセントになっています。最大出力は88W+88Wです。

092 おすすめの定番NAS

KeyWord
LS421Dシリーズ
HS-210 Turbo NAS

ＮＡＳは各社から数多くの製品が販売されているため、どれを選べばよいか難しいカテゴリといえるでしょう。そのため本書では、「音楽再生」に特化した個性的なＮＡＳをピックアップしました。**「LS421Dシリーズ」**は、４ＴＢの大容量ハードディスクを内蔵したＮＡＳです。**iTunesサーバー機能、DLNAに対応し、最初からそれらの機能が使える**ため、設置後すぐに運用できます。また、国内メーカー製らしく、接続をサポートするデバイスが豊富な点も見逃せません。

「HS-210 Turbo NAS」は、古くからネットワークオーディオ用ＮＡＳを手がけるメーカーによる**静音性の高い製品**です。ハードディスクは別途用意する必要がありますが、**音楽ファイルを高音質で再生できる**ことで定評があり、小型でフラットなスタイルながら、最大２台までハードディスクを増設できる拡張性の高さも魅力です。

ここに注目! ハイレゾ/DSD対応を基本として プラスαの機能を持つ製品がおすすめ

◀LS421Dシリーズ
バッファロー
70,000円前後
設置と設定がかんたんながら、多彩な機能を備える本格的なNASです。保存した音楽ファイルをPCのiTunesで再生したり、DLNA対応アプリを使ってスマートフォンで再生したりできます。ハイレゾ、DSDにも対応します。

▲HS-210 Turbo NAS　QNAP
36,000円前後
冷却ファンを廃した「完全静音」設計で人気のNASです。ファンレスによる振動の少なさは動作音だけでなく、音楽ファイルの再生品質にも好影響を与えるといわれています。こちらもハイレゾ、DSDに対応しています。

093

出力機器選びのポイント

KeyWord

アクティブスピーカー

パッシブスピーカー

音楽が「音として鳴る」までの最終経路で、音の傾向を決定付けるのが、**スピーカー**、**ヘッドフォン**、**イヤフォン**などの出力機器です。スピーカーやヘッドフォンによる音質の違いは大きく、また種類も多いので、選ぶのがもっとも難しいオーディオ機器といえます。この場合、機器を選択するために、一番重要なことは試聴です。ネットの評判などだけで判断せず、販売店で普段よく聴いている音楽を再生してもらい、実際に音を聴いた上で選択するすることをおすすめします。

スピーカーは、左ページ上図のようにアンプの有無で区別できます。また、高音域に強いもの、低音域に強いものといった**音の傾向があるので、好みに応じて選びましょう。**

ヘッドフォン、イヤフォンは音の傾向に加え、装着方式も製品によって異なります。音質が好みでも、装着感が悪ければ音楽の再生に集中できないので、**実際に販売店で装着して**みましょう。

ここに注目! できれば試聴してから選ぶのがベスト

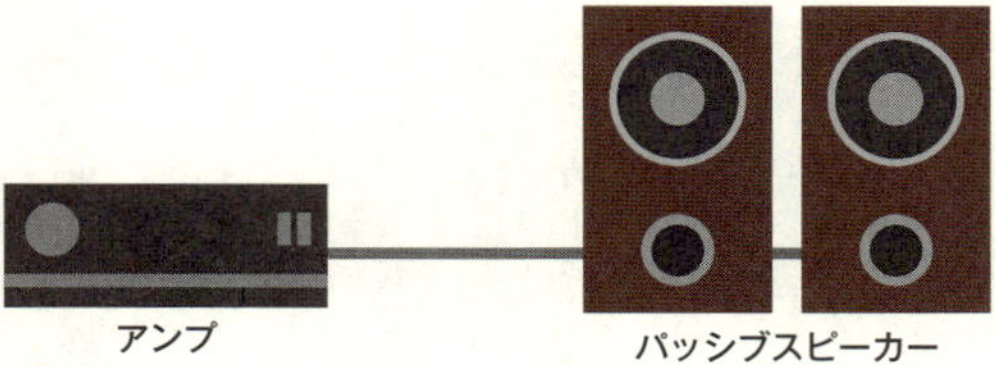

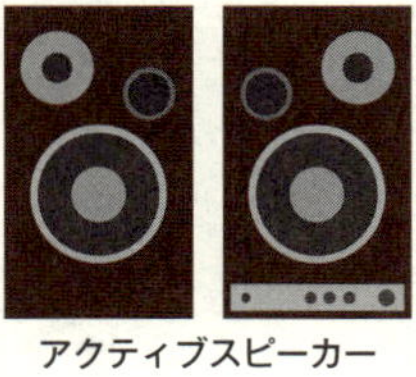

▲◀アンプ内蔵スピーカーを「アクティブスピーカー」、非搭載のスピーカーを「パッシブスピーカー」と呼びます。パッシブスピーカーにはアンプが必要です。

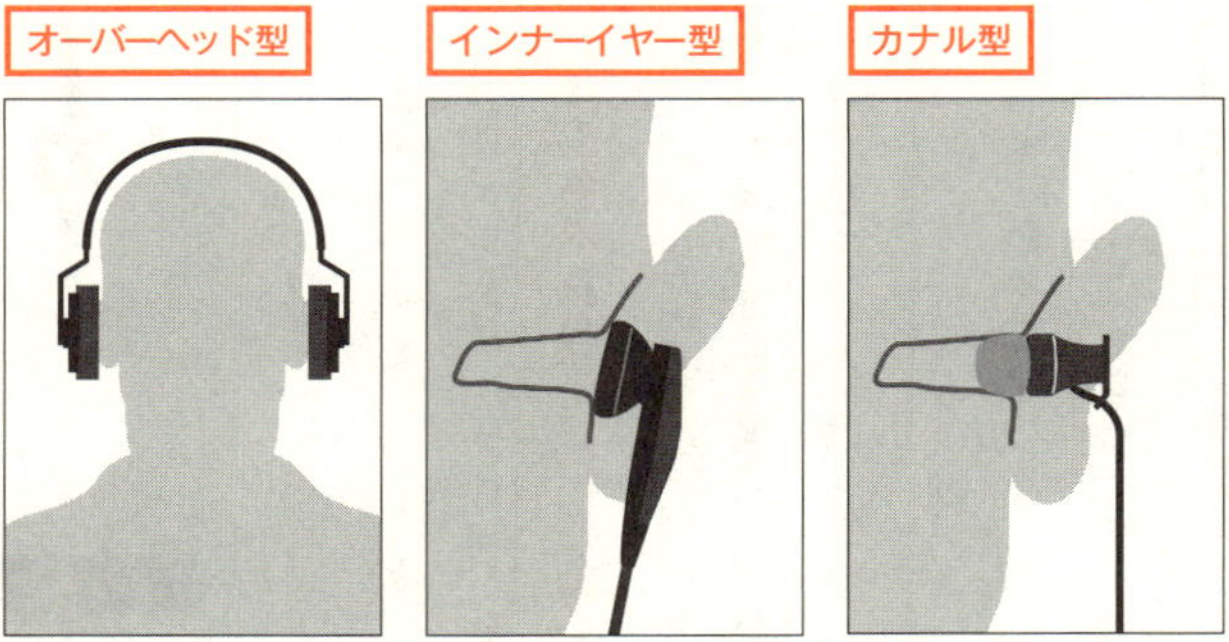

▲一般的なヘッドフォンはオーバーヘッド型と呼ばれる形状で、耳全体を包み込むようにして音場を作ります。インナーイヤー型は耳の穴にフタをするような形で、カナル型は耳の穴にイヤフォンのドライバーを入れる装着方式です。

094 おすすめの定番スピーカー

KeyWord

NS-BP182

Companion20

スピーカーは実際に聴いた上で判断すべきではありますが、本書では、パッシブスピーカーの**「NS-BP182」**と、アクティブスピーカーの**「Companion20」**の2つのスピーカーを紹介しておきます。

ＮＳ-ＢＰ１８２は、ブックシェルフ型と呼ばれるオーソドックスな形状のスピーカーです。**スピーカーユニットを2基搭載し、高音域から低音域までバランスよく再生**することができます。パッシブスピーカーなので、別途アンプが必要になります。

Ｃｏｍｐａｎｉｏｎ２０は、**低音の迫力に定評のあるBOSE社の製品で、同社らしい重低音を楽しむ**ことができます。タッチ操作で音量調整などが行えるコントロールポッドには、外部入出力端子も備わっているので、イヤフォンをつないで音楽を聴くことはもちろん、ＰＣ以外のスマートフォンなどの音楽を鳴らすこともできます。

ここに注目! 重低音重視かバランス重視あるいはパッシブ／アクティブで選択する

◀**NS-BP182**
ヤマハ
12,000円前後（ペア）
アンプやアンプ内蔵DACなどと接続して使うパッシブスピーカーです。ナチュラルな音質ながら、低音域から高音域まで破綻なく再生することができるコストパフォーマンスの高い製品です。ピアノブラックとブラウンのカラーバリエーションが用意されています。

◀**Companion20 multimedia speaker system**
BOSE
25,000円前後
通常は低音部の出力を担うサブウーファーなしでも、迫力の低音を楽しめるアクティブスピーカーです。小さな音量でも自然に聴こえる独自の補正機能も搭載しています。

095

おすすめの定番ヘッドフォン

KeyWord

PM-3

MDR-1ADAC

オーバーヘッド型のヘッドフォン製品は、大型のユニットが利用できるため、低音から高音まで幅広い音域の再生ができます。ヘッドフォンも実際に聴いた上で判断すべきではありますが、本書では、ヘッドフォンアンプが必要な**「PM-3」**と、アンプ内蔵の**「MDR-1ADAC」**を2つを紹介します。

PM-3は、**高音域から低音域までバランスよく鳴らすことができる「平面磁界駆動型」ユニットを搭載**しています。ヘッドバンド部も含む快適な装着感と軽量化により、長時間の試聴や外出先での音楽再生にも最適です。

MDR-1ADACは、DACとアンプを内蔵した製品です。**DAC部はPCMのハイレゾ、DSDに対応し、アンプはノイズや音の歪みなどを低減する独自機能を備えています。**付属のケーブルを使えば、iPhoneやAndroidスマートフォンを直接つないで、ポタアンなしでハイレゾを再生できます。

ここに注目! DAC＋アンプのオールイン型か高性能駆動型のチョイスで

◀**PM-3**
OPPO Digital Japan
60,000円前後
平面磁界駆動型ユニットを搭載したミドルレンジのヘッドフォンです。従来はハイパワーなアンプでしか駆動できなかったユニットを効率化し、低出力でも駆動できるようになっています。

◀**MDR-1ADAC**
ソニー
35,000円前後
DACとデジタルアンプを内蔵したオールインワン型ヘッドフォンです。PCやスマートフォンと直結するだけでハイレゾ音楽を楽しむことができます。

096 おすすめの定番イヤフォン

KeyWord

XBA-Z5

HA-FX850

イヤフォンは比較的小型のため、外出先で音楽を楽しむという用途に向いています。イヤフォンも実際に聴いた上で判断すべきではありますが、本書では、**「XBA-Z5」**と**「HA-FX850」**という2つのイヤフォンを紹介します。イヤフォンは装着感も重要な要素なので、店頭でよく確認しましょう。

「XBA-Z5」は、音を発生させるユニットが3基も搭載されています。一般的なダイナミック型のユニットを1基、**「バランスド・アーマチュア」と呼ばれる超小型ドライバーを2基搭載し、高音から低音までバランスよく再生できる**カナル型のイヤフォンです。

「HA-FX850」は、ドライバーの外装（ハウジング）が木製という、見た目にも個性的なカナル型イヤフォンです。もちろん見た目だけでなく、**木製のハウジングは自然な音の広がりや、独特の音の臨場感など、音質へも大きく寄与**しています。

ここに注目! とことん高性能にこだわった製品がおすすめ

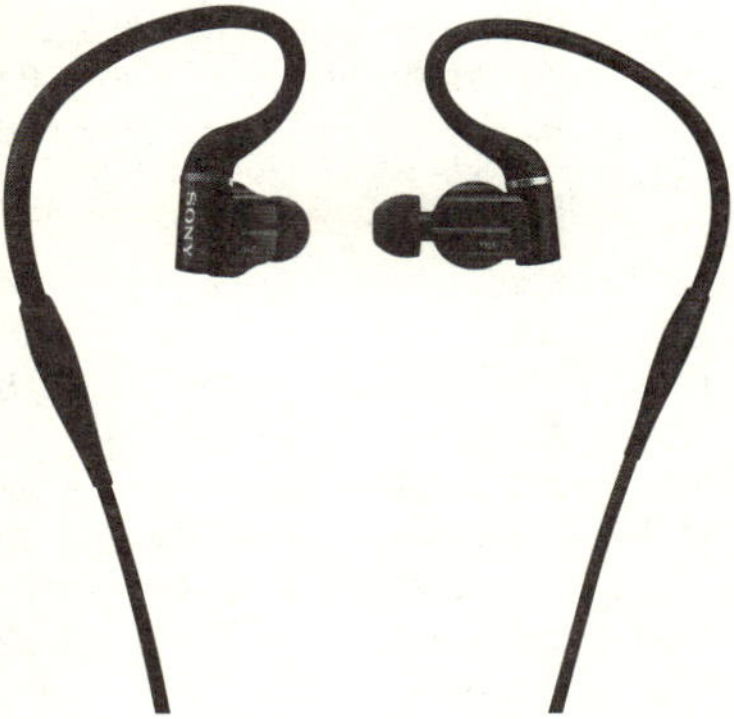

◀**XBA-Z5**
ソニー
60,000円前後
「HDハイブリッド3ウェイドライバーユニット」と呼ばれる3基のユニットを搭載し、バランスのよい再生品質を実現したイヤフォンです。カナル型なので、多少動いてもイヤーピースが耳から外れにくい構造です。

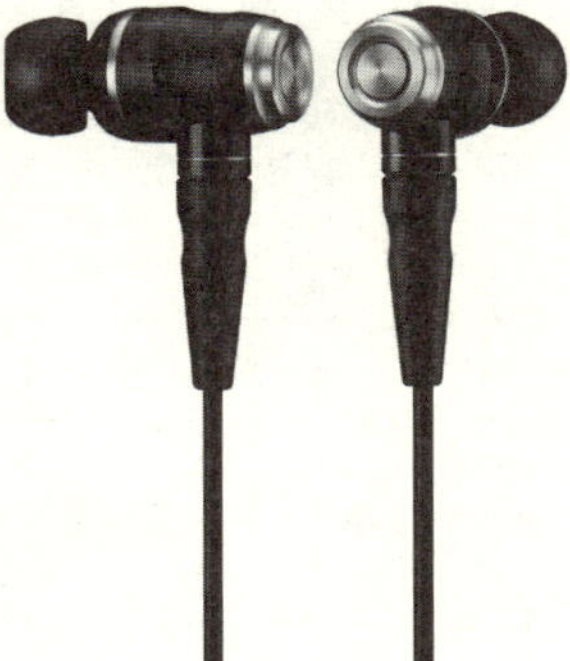

◀**HA-FX850**
JVCケンウッド
30,000円前後
ハウジングが木製の個性的なイヤフォンです。ハウジングの材質に最適化されたパーツとの組み合わせにより、独特の装着感と高音質を実現しています。

アクティブスピーカー……215
アナログ信号……34
アンプ……36
インストーラー……50, 82, 142
インナーイヤー型……215
インポート設定……53
インボックス……86
エンコード形式……84
オーバーヘッド型……215
音飛び……20
音楽配信サービス……70, 110
音楽フォルダ……183
可逆圧縮……22
カナル型……215
機能制限……174
共有フォルダー……194
曲のプロパティ……56
クレジットカード……72
検索ボックス……74
コントローラー
……66, 96, 120, 130, 152
コントロールパネル……118, 140

さ～た行

再生デバイス……150
サンプリング周波数……24
自動プレイリスト……92
シャッフル再生……68
出力モード……150
スタジオ録音……100
スピーカー（アンプ内蔵）……36, 44
スマートプレイリスト……60
ダイレクト型……136
ダウンロード
……50, 82, 124, 128, 138, 142
タグ……56, 88
単体アンプ……206
デジタル化……14
デジタルデータ……34
転送……158, 160, 162, 176
ドライバー……116, 124, 138, 148
ドライブ設定……84
取り込み……18

は～ら行

排他モード……94
波形……15
パッシブスピーカー……215
非圧縮……22
非可逆圧縮……22
ビットレート……24, 52, 100
ファイル共有……176
ファイル形式……52
複合型……206
プリペイドカード……72
プリメインアンプ……207, 210
プレイリスト……160
ヘッドフォン……38
保存先フォルダー……198, 200
ミニプレーヤー……66
ミュージックアプリ……164
有線（無線）LAN……188
ユーティリティソフト……190
読み込み……120, 130, 152, 202
読み込みエラー……20
ライブラリ……54, 196
リッピングソフト……18
リピート再生……68
量子化ビット数……24
リンク……198
ルーター……186

索引

英数字

1BIT COLLECTIVE……135
AAC……23, 70
AIFF……23
API……30, 64
App Store……173
Apple ID……58, 72, 76
Apple Music……114
Apple ロスレス（ALAC）……23, 52, 98
ASIO……144, 148
Audio MIDI 設定……126
AX-501-SP……210
Blu-ray Audio……103
CD-DA……17
CD データベース……54
Companion20 multimedia speaker system……217
DAC-HA200……167
DAC（USB DAC）……30, 34, 44, 104, 106, 118
DLNA……192
DoP 型……136
DRM……78
DS-DAC-100……208
DSD……28, 134
DSD デコーダ……146
DVD-Audio……102
e-onkyo music……111
FLAC……23, 27, 80
foo_dsd_asio……148
foo_out_asio……145
foobar2000……142
HA-2……167
HA-FX850……220
HD ボタン……182
HS-210 Turbo NAS……213
iTunes……48, 122, 176
iTunes サーバー機能……192, 196
Lightning ケーブル……169
LS421D……190, 213
MDR-1ADAC……218
mora……111, 112
MP3……23
MTP デバイス……163
NAS……186
NS-BP182……216
Onkyo HF Player……164, 172
OTG ケーブル……171
PCM……28
Play ストア……173
PM-3……218
PMA-390RE……210
Sound Blaster E5……167
Super Audio CD（SACD）……102
TunesGo Plus……160
UD-301……208
USB ドライバー……178
VICTOR STUDIO HD-Music……111
VOX……122
WASAPI……64, 80, 94
WAV……23, 27
Windows Audio Session……64
WMA……23
XBA-Z5……220

あ～か行

アートワーク……58, 90

お問い合わせについて

本書に関するご質問については、本書に記載されている内容に関するもののみとさせていただきます。本書の内容と関係のないご質問につきましては、一切お答えできませんので、あらかじめご了承ください。また、電話でのご質問は受け付けておりませんので、必ずFAX か書面にて下記までお送りください。

なお、ご質問の際には、必ず以下の項目を明記していただきますようお願いいたします。

1 お名前
2 返信先の住所または FAX 番号
3 書名（今すぐ使えるかんたん文庫
　　いい音で聴きたい PC オーディオ&
　　ハイレゾ入門）
4 本書の該当ページ
5 ご使用の OS のバージョン
6 ご質問内容

なお、お送りいただいたご質問には、できる限り迅速にお答えできるよう努力いたしておりますが、場合によってはお答えするまでに時間がかかることがあります。また、回答の期日をご指定なさっても、ご希望にお応えできるとは限りません。あらかじめご了承くださいますよう、お願いいたします。

ご質問の際に記載いただきました個人情報は、回答後速やかに破棄させていただきます。

問い合わせ先

〒162-0846
東京都新宿区市谷左内町 21-13
株式会社技術評論社　書籍編集部
「今すぐ使えるかんたん文庫
いい音で聴きたい PC オーディオ&
ハイレゾ入門」質問係
FAX 番号　03-3513-6167

URL：http://book.gihyo.jp

■ お問い合わせの例

FAX

1 お名前
技術　太郎
2 返信先の住所または FAX 番号
03-XXXX-XXXX
3 書名
今すぐ使えるかんたん文庫
いい音で聴きたい PC オーディオ
&ハイレゾ入門
4 本書の該当ページ
61 ページ
5 ご使用の OS のバージョン
Windows 10
6 ご質問内容
本書と同じ画面が出てこない

今《いま》すぐ使《つか》えるかんたん文庫《ぶんこ》
いい音《おと》で聴《き》きたい PC《ピーシー》オーディオ&ハイレゾ入門《にゅうもん》

2016 年 6 月 1 日　初版　第 1 刷発行

著　者●荘《そう》 七音《どれみ》
発行者●片岡　巌
発行所●株式会社　技術評論社
　東京都新宿区市谷左内町 21-13
　電話　03-3513-6150　販売促進部
　　　　03-3513-6160　書籍編集部
編集・DTP●オンサイト
カバーデザイン●菊池祐（株式会社ライラック）
本文デザイン●株式会社ライラック
担当●土井　清志
製本／印刷●株式会社加藤文明社

定価はカバーに表示してあります。

ISBN978-4-7741-8093-9 C3055
Printed in Japan